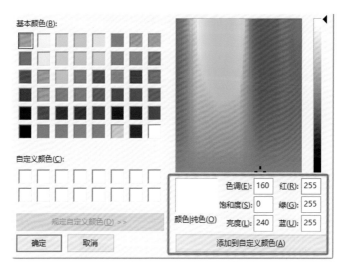

图 1-5　Windows 系统的画图工具

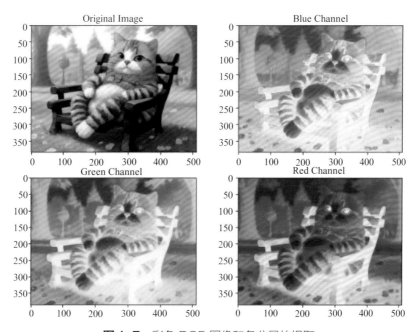

图 1-7　彩色 RGB 图像和各分量的提取

(a) 原图   (b) 添加了噪声的图   (c) 滤波之后的图

图 2-2　均值滤波效果

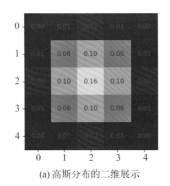

(a) 高斯分布的二维展示   (b) 高斯分布的三维展示

图 2-3　高斯滤波器的参数分布

(a) 原图   (b) 添加了噪声的图   (c) 滤波之后的图

图 2-4　高斯滤波效果

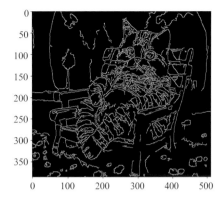

图 2-5 边缘检测效果

图 2-6 "一只猫在花园中"

图 2-7 使用大津算法对图像进行分割

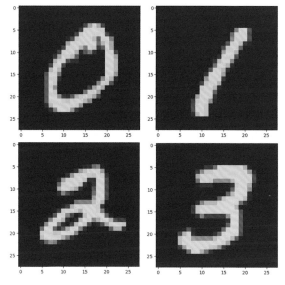

图 3-6 MNIST 数据集中的图像

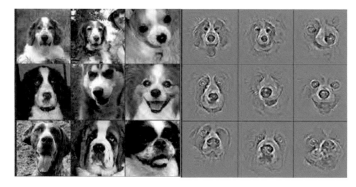

图 4-4 卷积特征图可视化

图 5-4 pics/Cat.jpg 图像

图 6-6 pics/Gou.jpg 图像

AI

视觉算法入门与调优

董董灿◎编著

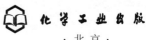

化学工业出版社

· 北 京 ·

内容简介

本书通过具体的案例，循序渐进地讲解了计算机视觉和模型调优的相关内容。首先介绍基础知识，包括人工智能基础、计算机视觉基础、图像基础和编程基础相关知识。然后讲解传统计算机视觉和基于深度学习的计算机视觉，如卷积神经网络等。接着深入探讨算法原理，包括卷积、池化、批归一化、激活函数、残差结构、全连接、SoftMax等，并提供手写算法示例。最后介绍了模型在 Python 和 C++ 中的实际应用以及性能优化技巧，如计算向量化、权值预加载和多线程等。

本书内容实用，由浅入深，案例典型，讲解通俗易懂，随书提供全部程序代码，且代码注释详细，方便读者理解，并上手实践。

本书非常适合人工智能、机器学习、深度学习、计算机视觉初学者学习使用，也可用作高等院校中相关专业的教材及参考书。

图书在版编目（CIP）数据

AI 视觉算法入门与调优 / 董董灿编著. -- 北京：化学工业出版社，2025. 2. -- ISBN 978-7-122-46868-0

I. TP302.7

中国国家版本馆CIP数据核字第2025UT7381号

责任编辑：娈利娜
文字编辑：侯俊杰　温潇潇
责任校对：宋　夏
装帧设计：王晓宇

出版发行：化学工业出版社
　　　　　（北京市东城区青年湖南街 13 号　邮政编码 100011）
印　　装：大厂回族自治县聚鑫印刷有限责任公司
710mm×1000mm　1/16　印张 12½　彩插 2　字数 206 千字
2025 年 3 月北京第 1 版第 1 次印刷

购书咨询：010-64518888
售后服务：010-64518899
网　　址：http：//www.cip.com.cn
凡购买本书，如有缺损质量问题，本社销售中心负责调换。

定　　价：69.00 元　　　　　版权所有　违者必究

在人工智能快速发展的浪潮中，计算机视觉作为一项重要的前沿人工智能技术，正在以惊人的速度改变着各行各业的面貌。从简单的图像分类到复杂的目标检测，从医学影像分析到自动驾驶技术，计算机视觉的应用领域广泛且深入。许多传统行业都在经历着新一轮人工智能技术的洗礼，期待人工智能为行业带来更多的技术突破和产业创新。

然而，对于从未接触过计算机视觉的广大初学者和从业者来说，面对复杂的知识体系和不断演进的算法，如何从零开始系统地学习计算机视觉，掌握计算机视觉的核心技术原理并将其应用于实际场景，始终是一件充满挑战的事情。

正因为如此，作者编写了这本书，目的简单且明确，就是为初学者和相关从业者提供一本系统入门和学习计算机视觉的指南。这本书使用通俗易懂的语言，为读者全面梳理了基于人工智能的计算机视觉理论和经典算法。不同于传统教科书以理论为主的编写方式，本书注重理论与实践的结合，通过大量翔实的实践代码和案例，构建了一个易于上手的学习环境，使读者不仅能够学会技术原理，更能快速动手操作，积累实践经验。

在内容编排方面，这本书不仅对传统计算机视觉进行了讲解，更重要的是对基于深度学习的计算机视觉模型进行了深入剖析，比如卷积神经网络模型以及该模型中常见的算法和模型结构。特别是对 ResNet50 这一经典图像分类网络模型，作者从算法原理到代码实现再到性能优化进行了多方面的剖析，可以帮助读者快速理解并掌握这一人工智能模型的核心思想。此外，本书在讲解过程中还穿插了通俗易懂的"故事"以及丰富的原理插图，帮助读者从多个维度理解相关的算法知识，使计算机视觉的学习不再枯燥，而是富有趣味性。

本书的显著特点是"实用"和"系统"。无论是初学者还是有一定基础的从业者，都可以通过本书的学习快速建立系统的计算机视觉知识体系，同时还可以提升自己的编程实践能力。即使是对人工智能领域完全陌生的读者，也能通过阅读本书快速入门，达到扩展计算机视觉技术视野的目的。

　　总的来说，这本书内容丰富、体系完整，兼具理论与实践价值。无论你是希望入门人工智能的初学者，还是想在计算机视觉领域深造的从业者，这本书都会成为你的学习"好伙伴"。在此，特向读者推荐本书，期待更多的读者能够从中受益，将知识转化为实践，用技术为各行各业创造更多可能。

北京工业大学信息科学技术学院

随着人工智能（artificial intelligence，AI）技术的不断发展，尤其是近年来以 AI 绘画和 ChatGPT 为代表的 AI 应用的普及，越来越多的人对人工智能产生了浓厚的兴趣。许多人希望了解并掌握 AI 的技术原理，或者希望从事与 AI 相关的技术研发和应用服务工作。

目前，AI 技术应用主要集中在两个领域：自然语言处理（natural language processing，NLP）和计算机视觉（computer vision，CV）。NLP 领域包括聊天机器人、语音翻译和文本生成等应用。CV 领域则包括图像识别、目标检测、图像分割，以及前沿的图像或视频生成等。

本书的内容主要集中在计算机视觉领域。

尽管本书是以计算机视觉作为背景来编写的，但其中涉及的许多算法同样适用于其他业务场景，比如计算机视觉中的卷积算法主要用于提取图像特征并进行特征融合，而与之相类似的矩阵乘法也可以用于数据的特征提取和融合。因此，可以看到，在许多基于 Transformer 架构的大型语言模型中，矩阵乘法也会经常出现。原因就在于这些算法在数学运算上存在相通之处，这一点将在本书中详细介绍。

本书以计算机视觉相关知识为重点，以经典的图像分类模型 ResNet50 为例子，深入浅出地阐述相关算法原理。通过实战形式，引导读者快速掌握算法并应用，达到手动编写代码、实现快速应用的目标。

本书内容可分为三部分：传统计算机视觉、基于深度学习的计算机视觉算法分析，以及计算机视觉实战。通过阅读和学习本书，读者将从零开始了解计算机视觉，并掌握传统计算机视觉中常见的算法，了解基于深度学习的计算机视觉经典算法。此外，实战部分将指导读者从零搭建一个经典的计算机视觉模型，并以该模型为基础进行推理和神经网络模型的性能优化。

为了便于学习和理解，本书在介绍相关算法时，会结合代码进行讲解，因此在很多章节中，会先介绍算法原理，接着展示相应的实战代码。这样，读者可以边学习算法，边利用相关代码进行实操练习，边学边练，逐步掌握。

在开始学习之前，需要了解基础知识和实战所需的编程工具。因此，第一章首先介绍计算机视觉的基础概念，然后从图像基础入手，详细讲解图像像素、图像特征、灰度图、彩色图的相关知识，最后介绍 Python 语言及 OpenCV 库，并详细说明其安装和使用方法，帮助读者快速搭建实战环境。

第二章介绍传统计算机视觉的经典算法，并配以相关实战代码，主要内容包括图像滤波原理，如均值滤波和高斯滤波，然后介绍基于 Canny 算子的边缘检测以及基于大津算法的图像分割应用。通过这些传统计算机视觉算法，读者可以了解图像处理的基础知识和流程，为学习深度学习相关算法打下基础。

第三章介绍基于深度学习的计算机视觉。首先会介绍深度学习的基础理论知识，包括人工智能、机器学习、神经网络训练与推理、正向传播和反向传播、损失函数等。接下来会介绍卷积神经网络，并以一个经典的小而全的神经网络为例，通过代码实战完成该神经网络的训练和推理。最后介绍 ResNet50 模型，这也是本书的重点，第四章的算法原理以及第五章和第六章的实战练习都是基于该模型进行的。

第四章介绍深度学习中的常见算法，包括卷积算法、池化算法、批归一化算法、激活函数算法、残差结构算法、全连接算法以及 SoftMax 算法等。每种算法都会详细阐述使用背景和原理，并配以代码实战。

第五章为实战章节，将使用 Python 语言从零搭建 ResNet50 模型。为了全面展示模型涉及的算法和模型结构，在搭建过程中不会调用其他 Python 库，所有算法的实现均基于第四章实战的代码。在此基础上，本章内容将更加注重模型结构的代码编写，以及模型推理前的图像预处理操作，如缩放、裁剪和标准化等，同时，本章也将关注模型推理后的性能指标。

第六章为实战章节，但更加关注性能优化部分。在第五章的基础上，将使用

C++语言重新搭建ResNet50模型。由于模型中的算法全部用C++编写，模型的优化自由度较高。因此本章进行模型性能调优，主要涉及向量指令、内存以及多线程调优。经过4个版本的优化，C++手写模型的性能达到了可接受水平。

后记总结了本书内容并进行了展望。

附录为本书涉及知识点的补充介绍。

总体而言，阅读本书不需要具备太多深度学习或人工智能的预备知识，但因其中涉及实战项目，因此需要读者具备一定的编程基础。

本书有配套代码供读者学习使用，可以从化学工业出版社官网—服务—资源下载模块获取本书的全部代码。

感谢刘增华教授在本书编写过程中给予的支持和帮助；感谢我的同学孙坤明、秦术攀对本书提出宝贵的修改建议；感谢我的太太鲁楝锐女士，鼓励我不断创作，是我坚实的后盾。

由于作者水平有限，书中难免有疏漏之处，如在阅读本书过程中有任何疑问，请发邮件至dongdongcan2024@163.com。

董董灿　于北京

AI视觉算法
入门与调优

Contents 目录

AI视觉算法
入门与调优

AI视觉算法
入门与调优

第六章
基于 C++ 优化模型
135~164

AI视觉算法
入门与调优

后 记

165~170

附 录

171~183

参考文献

184

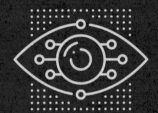

AI视觉算法
入门与调优

Chapter

1

在开始学习本书的内容之前，笔者认为有必要对本书涉及的基础知识进行简要介绍，以便读者能快速了解本书的写作背景和目的。

这些基础知识主要涵盖四个方面：人工智能基础、计算机视觉基础、编程基础以及图像基础。通过学习这四部分内容，读者可以了解计算机视觉的背景知识、研究方法和现状，为学习相关计算机视觉算法和进行代码实战打下基础。

本书在介绍计算机视觉相关算法时，将同步进行代码实战的介绍。这样做有两个目的：首先，希望读者在学习算法后，能够立即进行代码实战训练，以快速有效地加深对算法的理解，实现学以致用；其次，通过对一些算法的实战训练，为第五章和第六章手写完整卷积神经网络做铺垫，使读者在手写完整卷积神经网络时更加自如。

由于实战代码会贯穿于各个章节中，因此本章会优先介绍编程基础知识，以便读者可以提前搭建编程环境，从而在后续章节的学习中迅速开展实战。

1.1
人工智能基础

从 20 世纪 50 年代开始，人工智能作为一个崭新的学术概念出现，在随后的几十年时间里，人工智能的技术演进和发展可谓是一波三折，历经了多次的"寒冬"与"复苏"。从最初简单的基于符号表示的规则系统，到后来的单层感知机，再到现在基于机器学习和深度学习理论的深度神经网络模型，人工智能技术逐步走向成熟，也在逐步进行商业化应用。

你可能在很多场合听说过人工智能的概念，也或多或少听说过机器学习或者深度学习，但许多人会混淆这三者的关系。笔者在多年前曾参加过一个关于机器学习的线下讨论会，在现场提出过一个问题："如何理解人工智能、机器学习和深度学习的关系？"当时很少有人能清晰地解释这三者的关系。

实际上，这三者是一种包含和被包含的关系，如果用一个范围递减的关系式来表示，那就是：人工智能＞机器学习＞深度学习。人工智能包含的范围最广，机器学习次之，而深度学习的范围最窄，如图 1-1 所示。

人工智能（artificial intelligence，AI）是一个最为宽泛的概念。我们可以这么理解：所有与模拟或扩展人的智能有关的技术都可以称为人工智能。人工智能

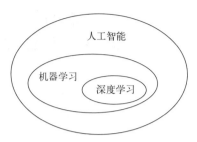

图1-1 人工智能、机器学习和深度学习的关系示意图

技术的研究目的是通过设计和研究智能计算系统，使其具备模拟、延伸和拓展人类智能的能力。可以说，人工智能是一门集合了计算机科学、信息工程、数学、心理学、认知科学等众多学科的综合性学科，它涵盖了机器学习、自然语言处理、计算机视觉、专家系统、机器人学等多个方向。

机器学习（machine learning, ML）则是人工智能的一个子领域。机器学习旨在研究让机器具有学习能力的技术。它侧重通过数据训练或者建立统计模型，让机器掌握一些规则或经验。机器学习涵盖了多种技术和方法，包括监督学习、强化学习和深度学习等常见应用。

而深度学习（deep learning, DL）又是机器学习的一个子领域，也是目前发展迅速的方向之一。深度学习侧重通过构建深度神经网络模型，利用大量数据对模型进行训练，使其具备模拟人类智能的能力。目前，深度学习已在计算机视觉、自然语言处理等领域取得了显著成效。

下面通过两个例子，来进一步说明这三者之间的关系。

一个典型的属于人工智能而不属于机器学习的例子是机器人，如图 1-2 所示。机器人涉及的机械设计、路径规划和传感执行等技术，并不依赖于机器学习。虽然有时也可以利用机器学习的方法来改进路径规划和决策算法，但这仅仅是机器人学科中的一部分。所以，机器人是一个典型的人工智能应用，它涵盖了多个领域的技术，其中包括机器学习。

另一个典型的属于机器学习但不属于深度学习的例子是决策树算法。决策树算法可以对输入数据进行分类和回归预测，是一种经典的分类回

图1-2 机器人示例

归算法。一个更简单的例子是二元一次方程的回归，如图 1-3 所示，它可以依据给定的散点图，通过最小二乘法拟合出一条直线。这属于机器学习的范畴，但却不属于深度学习。

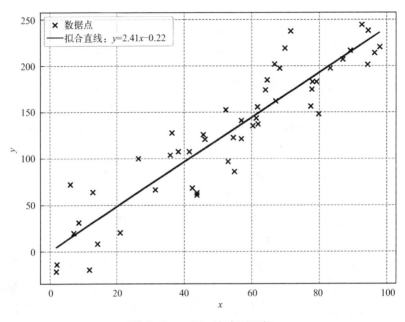

图 1-3 二元一次方程回归

　　深度学习的核心在于"深度"二字，这里的深度指的是构建层数较多的神经网络模型。目前在许多领域大放异彩的神经网络，层数少则几十层，多则上百层，可以说是非常"深"了。通过以上介绍，相信读者对人工智能、机器学习和深度学习之间的关系有了更深入的理解。随着对本书内容学习的持续深入，读者将能够亲自搭建一个具有几十层深度的神经网络。

　　近年来，随着人工智能芯片算力的持续增加以及人工智能算法的不断迭代，深度学习技术在算力和算法的加持下，在许多领域发挥着越来越关键的作用。比如在自然语言处理（natural language processing，NLP）领域，2023 年由 OpenAI 公司发布的大型语言模型 ChatGPT，不仅可以与人类对话，还可以处理文本信息，一经发布就迅速风靡全球，将自然语言处理应用提升到了新高度。再比如在计算机视觉（compute vision，CV）领域，人们利用基于深度神经网络搭建的 AI 模型来模拟人类的视觉任务，在视频监控、人脸识别、行人检测以及自动驾驶等领域表现得越来越出色。

1.2
计算机视觉基础

计算机视觉是一门跨学科的技术领域，它融合了计算机科学、图像处理、机器学习等多个学科的理论和技术。通俗地理解，计算机视觉是指计算机通过摄像头等设备获取图像，并对其进行处理、分析和理解，以实现类似人类视觉感知的功能。因此，一个完整的计算机视觉任务不仅包括对于图像的获取，还包括对图像的识别、理解和应用等多个环节。

我们可以将计算机视觉拆分为两个词语来理解，一个是"计算机"，另一个是"视觉"。这里的计算机并不仅仅指我们日常生活中的个人电脑，而是指所有具有计算能力的设备。通俗点讲，所有带有计算芯片的设备都可以被称为计算机，例如手机、汽车、智能手表等。在当今科技日益发展的时代，我们身边到处都可以看到计算机的存在。

要完成计算机视觉任务，除了需要具备计算芯片的计算机之外，还要求该计算机拥有"视觉"的能力，也就是感知周围物体或者环境的能力。计算机获得视觉的能力通常是通过摄像头来实现的，摄像头拍照后将图像传输给计算机芯片进行处理，然后输出处理后的结果。

如果你仔细观察，会发现许多生活场景都用到了计算机视觉技术，例如手机支付时的人脸验证环节、汽车倒车时的倒车影像辅助，以及交通路口对不系安全带的行为进行检测等，这些都属于计算机视觉的范畴。

随着汽车行业技术的迭代发展，很多汽车上都配备了中控显示屏。驾驶汽车时，人们可以通过显示屏实时观察汽车周围的环境和行人。显示屏中显示的图像如同从汽车上方俯视一般，这种视角的图像被称为"鸟瞰图"（bird's-eye view，BEV），不少汽车都会采用类似的技术来感知周围环境。这依赖于汽车上装配的多个高清摄像头采集的数据，以及汽车芯片对这些多方位图像进行数据融合处理的技术。

从技术的角度来看，算法和性能是制约计算机视觉乃至人工智能发展的关键因素。算法的发展使得计算机视觉在图像识别、目标检测等方面取得了突破性进展，而计算芯片的算力提升或人工智能算法的优化，则为复杂的神经网络模型提供了更高的计算效率。接下来将分别从算法和性能的角度来介绍计算机视觉的相关基础知识。

1.2.1　算法

如果将计算机视觉任务比作厨师烹饪美味佳肴，那么摄像头设备采集到的图像就是食材，而计算机视觉算法就是食谱。

在深度学习算法成熟之前，已经有许多图像处理算法得到了应用。这些算法能够在多种维度上对图像进行分析，提取不同的信息。常见的图像处理算法包括图像滤波算法，它可以去除图像中的干扰信息，更准确地处理有效信息，以及基于时频分析的快速傅里叶变换（fast fourier transform，FFT）算法，它可以将图像信息转换到频域空间并进行频率分析，从而有效地提取图像中的主要信息。这些算法被称为传统计算机视觉算法，它们大都是建立在科学家们大量的计算和对算法进行巧妙的设计基础上的。

例如：在均值滤波算法中，滤波器的数值均为1，从而可以计算滤波窗口中像素的平均值；而在高斯滤波算法中，滤波器的数值在图像的长宽方向均呈现高斯分布，这样的滤波器设计可以有效滤除图像中的高斯噪声。

这些算法大多是为了完成特定任务而设计的。而在基于深度学习的计算机视觉算法中，明显的区别在于科学家不再需要专门设计滤波器中的数值分布了，也不再需要设计复杂的图像处理算法来提取图像特征，取而代之的是让神经网络自行学习。在深度学习中，有一个说法是：多层神经网络的非线性叠加理论上可以拟合出任意的非线性函数。因此，如果想让神经网络实现高斯滤波的功能，只需要对图像设定标签，设计神经网络，然后用大量图像数据训练网络，最终训练出来的神经网络的权值分布就会与高斯分布存在相似之处。

这便是深度学习的魅力：人们不再需要刻意设计某些算法，而是将任务交给神经网络学习。随着预训练大模型的流行，难以想象如果需要人工设计一个复杂的算法来实现类似大模型的功能，将会是多么艰巨的任务。然而，通过设计深度神经网络，利用海量数据对网络进行训练，"大力出奇迹"，训练出来的神经网络模型的表现却惊艳了许多人。

基于深度学习的计算机视觉算法，很大程度上是以神经网络为基础的，其中包括一些经典的算法，如卷积算法和池化算法，以及一些经典的神经网络结构，如残差结构等。在本书中，经典的基础算法会在第四章详细阐述，残差结构也会在第三章涉及。

1.2.2 性能

在进入本小节内容之前，先提出一个问题：如何理解计算机视觉任务的性能？

为了回答这个问题，先来看一个实际生活中的例子。在许多停车场的入口处，通常会配备有汽车车牌识别的设备。当汽车进入停车场时，设备会对车牌进行拍照，然后识别车牌号。如果车牌号已经在数据库中备案，则会抬杆放行，否则汽车将无法通过。假设设备在拍摄车牌图像后，需要花费几十秒的时间才能识别车牌号，这将带来什么样的后果呢？

一方面，这可能导致停车场出入口的拥堵；另一方面，这也会影响用户对设备车牌识别功能的体验。虽然这个例子中识别车牌号要花费几十秒略显夸张，但高延迟的图像识别在许多场景中都是不可接受的。

一个更为严苛的场景是汽车的自动刹车或紧急避让功能，这些功能的部分实现同样会依赖于计算机视觉技术。如果汽车在行驶过程中遇到前方障碍物，那么需要在极短时间内检测到障碍物并作出避障判断。在这种场景下，对汽车视觉系统的反应速度要求极高，需要在毫秒级甚至微秒级时间内作出准确判断。否则，若延迟过高，高速行驶的汽车将很可能发生危险。

因此，在许多场景下，计算机视觉任务需要考虑性能问题，良好的性能也是判断产品优劣的重要指标。目前，许多基于深度学习的计算机视觉模型，在训练模型或部署模型时，都会使用专用的 AI 加速芯片来提高运行性能，尽可能减少神经网络模型的延迟。

从技术角度来看，许多神经网络模型的优化方法是通用的，事实上是不区分计算机视觉任务或自然语言处理任务。除了针对神经网络模型结构的优化方法（如模型剪枝）和针对特定算法的优化方法（如利用 Img2Col 算法优化卷积运算）之外，还有一些优化方法集中在软硬件协同优化方面（如神经网络中数据占用的内存优化）。在本书第六章，笔者将使用 C++ 语言构建一个完整的神经网络模型，并基于 Intel CPU 硬件平台进行相关的性能优化。读者可以按照书中内容逐步深入神经网络模型的优化技术，通过实战将卷积神经网络模型的性能优化到可以接受的水平。

1.3

编程基础

本书在介绍具体的计算机视觉算法的同时，还会同步介绍相关的代码实战内容。本书默认读者具有一定的编程基础，能够熟练地使用 Python 和 C++ 进行代码编写和调试。

然而，为了让具有不同编程水平的读者都能够方便地进行代码实战，并深入理解算法实现原理，本书的代码实战部分不会使用高级语法来编写，仅采用了 Python 和 C++ 的基础语法。Python 部分仅使用 Numpy 库进行基础运算，并使用 OpenCV 进行传统计算机视觉算法的演示（如滤波算法的演示），以及使用 Pillow 库进行图像加载。C++ 部分则仅依赖 OpenCV 库进行图像的读取。因此，本书的代码实战部分对于其他库的依赖是非常少的，读者可以放心使用，不必为复杂的环境配置而花费大量的时间。

但为了让读者可以更快速地进行代码开发，并帮助编程经验不足的读者快速熟悉编程知识，本节仍会对编程相关的基础内容进行介绍。在后续进行代码实践时，读者可以根据相关章节的指引进行编程环境的配置，或者参考本书附录的内容。

1.3.1 Python 简介

Python 是一种高级的解释型的编程语言，由荷兰程序员吉多·范罗苏姆（Guido van Rossum）于 1989 年发明，并在 1991 年首次发布。Python 的设计哲学强调代码的可读性和简洁性，它的设计允许开发者使用更少的代码来表达更丰富的逻辑，与其他编程语言相比，Python 能够让开发者更加快速地入门并编写代码。

Python 语言具有以下特点：

① 简洁易读　Python 语法简洁，结构清晰，易于学习和阅读。

② 跨平台　Python 可以在多种操作系统上运行，如 Windows 和 Linux 等。

③ 解释型语言　Python 代码在执行时由解释器逐行解释执行，无须编译。

④ 动态类型　Python 是动态类型语言，变量类型在运行时确定，无须事先声明。

⑤ 丰富的库　Python 拥有庞大的标准库，提供了大量预先编写好的代码，涵盖网络编程、文件操作、数据处理等多个领域。

⑥ 支持多范式编程　Python 支持面向对象、过程式、函数式等多种编程范式。

正是由于以上特点和优势，Python 成了一种非常受欢迎的语言，广泛地应用于各种领域，包括 Web 开发、数据科学、人工智能、科学计算和自动化脚本等。

本书将使用 Python 语言进行神经网络模型（ResNet50）的下载和参数解析，并使用基础的 Python 语法从零开始编写 ResNet50 这一经典的卷积神经网络，详细内容可参考本书的第四章和第五章。

关于 Python 的安装，可以访问 Python 官网进行 Python 的下载和安装。建议使用 Python 3.0 以上的版本进行开发和调试。

1.3.2　C++ 简介

C++ 语言也是一种高级编程语言，由比雅尼·斯特劳斯特鲁普（Bjarne Stroustrup）于 20 世纪 80 年代初在贝尔实验室开发。作为 C 语言的扩展，C++ 增加了面向对象编程、泛型编程和异常处理等特性。C++ 是一种静态类型、编译型的语言，具有高性能、高效率以及灵活性的特点。

C++ 语言在高性能编程方面具有以下优势：

① 编程高效快速　C++ 可以直接控制硬件资源，如管理内存和操作 CPU 指令等。因此，使用 C++ 编写的代码在执行速度上通常优于许多其他高级语言编写的代码。

② 编译时优化　C++ 编译器能够在编译代码时对代码进行优化，例如函数内联、循环展开以及常量折叠等，这些优化可以大幅提高程序的运行效率。

③ 精细的内存控制　C++ 提供了对内存分配和回收的直接控制，开发者可以根据需要进行内存管理，从而优化程序的内存使用和运行性能。

④ 多线程和并发　C++11 及其后续版本引入了对多线程和并发的支持，使开发者可以更容易地编写高效的并行 C++ 程序。

正是由于 C++ 的这些特点，特别是其程序运行性能上的天然优势，使得 C++ 被广泛用于许多性能敏感的领域，如游戏开发、实时系统、高频交易系统、人工智能算法优化等。但是，实现高性能的 C++ 程序需要开发者具备良好的编程技能和经验。

本书同样会使用 C++ 语言从零构建卷积神经网络（ResNet50），并利用 C++ 对 CPU 指令的控制、精确的内存管理以及对多线程的支持这些特点，对构建的神经网络模型进行性能优化，这一部分的详细内容可以参阅本书的第六章。

1.4
图像基础

在了解了计算机视觉基础和编程基础之后，接下来让我们了解一些关于图像的基础知识。相信读者对图像并不陌生，但要学习计算机视觉，首先要了解的就是图像本身，因为图像是计算机视觉任务处理的原材料，充分了解图像的特性，才有助于更好地完成计算机视觉任务。

对于计算机而言，在进行图像分析和处理时，计算机所接触到的图像仅仅是计算机内存中的一些数据，这些数据表示图像中各像素点的数值大小，计算机实际上处理的是这些像素之间的关系，或者通过处理这些像素之间的关系来提取图像中的物体特征信息。因此在学习计算机视觉之前，非常有必要先了解与图像和像素相关的基础知识。

1.4.1　像素

我们都知道，2000 万像素的相机拍摄的图像通常要比 1000 万像素的相机拍摄的图像更清晰，人们也更容易从清晰的图像中看清楚物体和细节。这是因为 2000 万像素的相机拍摄的图像中有更多的像素点。像素越多，图像中物体的特征（比如颜色特征、细节特征）就越丰富，人眼从图像中所能捕获到的信息就越多，自然而然也就更容易看清图像中的内容，这是一种常识和生活经验。

那么，当人们观察一张图像时，是通过什么方法来判断出图像中的物体是什么的呢？对于这个问题，用图 1-4 的例子来说明。

图 1-4 中，最左侧的图像像素点较少，图像也不清晰，但这并不妨碍我们可以识别出图像中的物体是一只伸着舌头的"狗"，而不是一只"猫"。这是因为人眼对于图像的识别，是建立在对图像局部像素组成的特征进行感知的基础之上的。

因此，即使像图 1-4 的中间图像那样，将"狗"的下半部分遮住，依然可以分辨出这是一只狗。甚至将图像旋转 90° 后依然可以辨别。这是因为即使是由部分像素组成的图像，也可以表达出物体的主要特征，而这些特征足以用来区分一个物体是"狗"还是"猫"。

图 1-4　图像经过裁剪和翻转

1.4.2　图像特征

如前所述，要识别图像中的物体，首先需要识别出物体的关键特征。图 1-4 中的小狗的嘴巴和耳朵便是关键特征，即使图像经过裁剪或旋转，只要这些关键特征还存在，我们仍然可以识别出物体。

基于这一背景，很多基于深度学习的神经网络模型在训练前都会对训练数据集进行数据增强操作。数据增强的方法包括但不限于对数据集中的图像进行旋转和裁剪。基于数据增强之后的数据集训练出来的模型，具有更好的鲁棒性和泛化性。因此，即使输入一张"倒立的小狗"的图像，模型也可以正确识别出来。

图像中物体的特征可以分为两类：局部特征与全局特征。局部特征一般是细节特征，例如边缘和纹理等。当我们使用图像处理软件对图像进行"锐化"操作时，可以使图像的细节特征更加突出，从而丰富了图像的局部特征。全局特征一般指的是图像中物体的轮廓和颜色特征等。

人眼在识别图像时，对这两种特征的捕获方式不同：在观察细节特征时，我们更倾向于"眯着眼"观察，此时瞳孔会聚焦于图像中的细节；而在观察全局特征（如图像的轮廓）时，我们更倾向于"瞪大眼"观察，此时瞳孔放大，视网膜会接收到更大范围的像素光线。

这个过程可以简化为：观察细节时瞳孔缩小，观察轮廓时瞳孔放大。每次瞳孔缩小和放大的过程中，聚焦的像素范围可以被称为瞳孔对于图像像素的"感受野"。

巧合的是，在深度学习算法中，有一种算法可以很好地模拟人眼观察图像的过程，那就是卷积算法。通过为卷积算法设计尺寸不一的卷积核，来模拟瞳孔对图像的不同感受野，从而使卷积算法可以在不同尺度下提取图像特征。因此，卷积算法几乎成了处理计算机视觉任务的神经网络模型的标准算法。关于卷积算法的详细内容可以参考本书的第四章内容。

1.4.3 RGB图

在了解了图像的像素和特征的概念后，本小节将介绍一种在生活中非常常见的图像格式，即彩色 RGB 图像。

RGB 图像是指包含多种颜色信息的图像，通常由红（red）、绿（green）、蓝（blue）三个颜色通道组成，其中每个通道代表一种颜色的强度。在彩色图像中，每个像素点所展现出的颜色由这三个通道的像素值共同决定。

例如：当图像中某一像素点的 RGB 数值为（255,0,0）时，表示该像素是红色的；当 RGB 数值为（0,255,0）时，表示该像素是绿色的；而当 RGB 数值为（0,0,255）时，则表示该像素是蓝色的。

读者可以使用 Windows 系统自带的画图工具来实验一下，如图 1-5 所示，通过调整红、绿、蓝三个通道的值，可以混合出各种颜色，例如红色和绿色通道的像素值同时饱和则会产生黄色（255,255,0），而红色和蓝色通道像素值同时饱和则会产生洋红色（255,0,255），如果红色、绿色和蓝色三种颜色全部饱和，则会显示为白色。

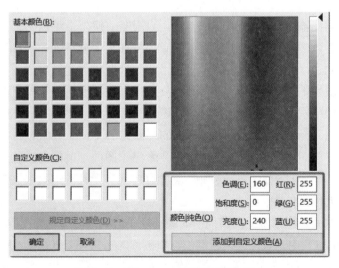

图1-5 Windows 系统的画图工具

在 RGB 的图像表示模型中，每个像素的颜色由这三种基本颜色组合而成。因此，在平面上看似是一个像素，实际是由三个不同颜色通道的像素组成。这里的红、绿、蓝三种颜色被认为是彩色图像的三个通道。一张彩色 RGB 图像，可认为是在通道维度上的堆叠，如图 1-6 所示。

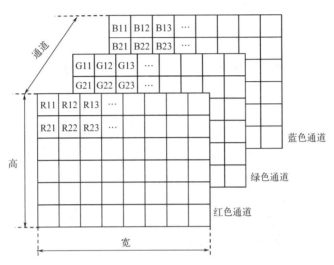

图 1-6 RGB 图像通道堆叠示意图

对于一张彩色的 RGB 图像，可以通过提取各个通道分量的形式来分别获取三个通道的分量图像。读者可以使用以下的 Python 代码来轻松完成 RGB 图像分量的提取和显示。

```
from PIL impo rt Image
import numpy as np
import matplotlib.pyplot as plt
# 读取要处理的彩色图像
image = Image.open('./cat.png')
# 将图像转换为NumPy数组
image_array = np.array(image)
# 分离通道
red_channel = image_array[:,:,0]
green_channel = image_array[:,:,1]
blue_channel = image_array[:,:,2]
# 显示原始图像和各个通道
plt.subplot(221),plt.imshow(image),plt.title('OriginalImage')
plt.subplot(222),plt.imshow(blue_channel,cmap='Blues')
```

```
plt.title('BlueChannel')
plt.subplot(223),plt.imshow(green_channel,cmap='Greens')
plt.title('GreenChannel')
plt.subplot(224),plt.imshow(red_channel,cmap='Reds')
plt.title('RedChannel')
plt.show()
```

在上述代码中，cat.png 为输入的彩色 RGB 图像，可以将其替换成自己测试的彩色图像。运行上述代码，便会显示原始彩色图像和各分量的提取结果，如图1-7 所示。

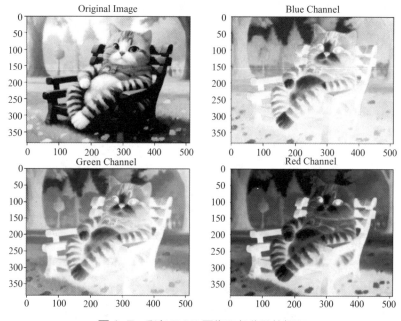

图1-7 彩色 RGB 图像和各分量的提取

需要说明的是，这里提到的通道是深度学习中计算机视觉的重要概念。

在卷积算法中，输出通常称为特征图，也就是包含了卷积提取的特征的图像，而卷积完成的就是图像通道的特征提取和特征融合。在特征图中，每一个通道可以被理解为一个特征，比如小狗的耳朵特征，但更多时候通道表示的是一些无法用语言来描述的抽象特征，这些特征是神经网络自行学习得来的。

因此，对于一张图像而言，一个通道可以认为是一个特征集合。彩色 RGB

图像存在 3 个通道，可以粗略地认为是 3 种颜色特征，例如 R 通道中有着丰富的红色特征，但没有绿色特征，因为绿色特征存在于 G 通道中。

特征图是计算机视觉中一个重要的概念，这一点将在 4.1.2 小节详细阐述。本小节中，读者只需要了解通道的概念即可。

彩色图像除了 RGB 这种常见的色彩模型之外，还有许多其他的表示方式，例如 YUV 的图像表示方式。不同的图像表示方式适用的场景和领域不同，需要根据任务需求来选择合适的图像表示方式。

本小节的代码可以在本书配套的代码 samples/0_RGB 目录下获取。

1.4.4　灰度图

在了解彩色 RGB 图之后，本小节继续介绍一种比 RGB 图更加简洁且又十分高效的图像表示，那就是灰度图。

灰度图，也称为灰阶图像，是一种没有彩色信息，仅包含灰色调的图像。与彩色 RGB 图像不同，在灰度图中每个像素只有一个数值，称为灰度值，用于表示该像素的亮度。灰度值的范围通常是在 0 到 255 之间，其中 0 表示此处亮度最低，代表黑色，而 255 表示亮度最高，代表白色，介于 0 和 255 之间的值则表示不同的灰度。

这里解释一下为什么灰度值介于 0 和 255 之间。这是因为在计算机中，图像的像素数据是按照 1 字节的无符号数来存储的。1 字节的数据占用 8 比特的存储空间。而 8 比特无符号数据类型范围刚好是 0 到 255。因此，在灰度图中，灰度值的范围被限制在 0 到 255。这些不同等级的灰度值能够很好地表示图像信息。

在实际应用中，灰度值通常是通过彩色图像的红、绿、蓝三个分量的数值进行加权求和来实现，常见的由 RGB 分量转换为灰度值的公式如下：

$$Y = 0.299R + 0.587G + 0.114B$$

式中，Y 代表转换之后的灰度值；R、G、B 分别是红色、绿色和蓝色分量的数值。这个公式中每个分量的权重，是考虑了人眼对不同颜色的敏感度而得到的。绿色分量的权重最高，蓝色分量的权重最低，这种加权平均的方法能够更好地反映人眼对亮度的感知。

使用灰度图进行图像表示有很多优势，比如：

① 简化处理　灰度图中只包含图像的亮度信息，相比彩色图像更加简单，

这就使得灰度图在不少任务中更容易被处理，比如灰度图对于图像的边缘检测和轮廓分析任务非常有利。

② 减小存储和传输成本　由于在灰度图中，每个像素只需要一个灰度级别的数值来表示，因此无论是在图像传输还是在图像存储中，相比于 RGB 等彩色图像而言，灰度图占用的内存更小，具有更明显的优势。

③ 强调结构和纹理　灰度图可以突出物体的结构和纹理，这也使得灰度图在诸如医学影像分析（如 CT 图像）中更有优势。

在了解了灰度图的基础知识后，下面通过 Python 代码将一张彩色的 RGB 图像转换为灰度图。

```python
from PIL import Image
color_image = Image.open('./cat.png')
# 转换为灰度图
gray_image = color_image.convert('L')
# 保存灰度图
gray_image.save('./gray_cat.jpg')
print("彩色图像格式:"+color_image.mode)
print("灰度图像格式:"+gray_image.mode)
```

在上述代码中，使用 'color_image.mode' 可以查看图像的模式属性，以显示图像的格式，例如如果输入的图像为彩色图像，那么获取到的格式为 RGBA 格式，这属于 RGB 格式的一种。除了 RGB 三个颜色通道之外，还增加了一个透明度（alpha）通道。而在将彩色 RGB 图转换为灰度图之后，获取的格式是 L 格式，其中 L 代表灰度（luminance）。

总体而言，相比于彩色图像，灰度图更加简洁和高效。在许多领域，如医学影像成像和计算机视觉，灰度图都有其独特的用途。

本小节的代码可以在本书配套的代码 samples/1_gray 目录下获取。

1.5
本章小结

本章主要介绍了与计算机视觉学习相关的背景知识，包括人工智能基础、计算机视觉基础、编程基础和图像基础等。通过本章的学习，读者可以更好地理解计算机视觉的相关背景。

  本章的内容以背景知识的介绍为主。一些内容并没有过于深入地展开阐述，希望读者通过阅读本章内容，可以加深对计算机视觉这一领域背景的了解，从而为进一步学习传统计算机视觉相关算法做好准备。

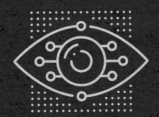

AI视觉算法
入门与调优

Chapter
2

传统计算机视觉

2.1
概述

所谓传统计算机视觉，是指在深度学习技术普及之前，依靠传统图像处理技术和机器学习方法来理解图像内容的一系列技术和算法。传统计算机视觉的方法通常包括图像滤波、边缘检测、图像分割等。与基于深度学习的计算机视觉相比，传统计算机视觉方法更依赖于先前设计好的算法和规则，而非神经网络自动学习到的规则。

图像滤波是传统计算机视觉中常见的图像处理方法，其目的是去除图像中的噪声，可用于改善图像质量、提取图像特征等。常见的滤波算法包括均值滤波、中值滤波和高斯滤波等。

边缘检测通常是许多图像处理和分析任务的前置步骤，例如在进行物体识别前，需要先检测出物体的边缘。边缘检测可以显著减少图像中需要处理的数据量，同时保留图像的结构信息，使得后续的物体识别更加高效和准确。

图像分割也是传统计算机视觉中的一项重要技术，其目的是将图像划分为具有不同特征的多个区域，从而完成不同物体间、物体的前景和背景的分割等。在众多图像分割方法中，大津算法是一种经典且广泛使用的自适应阈值图像分割算法。

本章接下来将针对上述传统计算机视觉中常见的应用，进行详细的原理解析和代码实战介绍，帮助读者快速入门并深入理解传统计算机视觉，为后续基于深度学习的计算机视觉学习打下基础。

2.2
均值滤波

2.2.1　算法解析

均值滤波（mean filtering）是一种相对简单的图像滤波技术，主要用于对图像进行去噪和平滑。均值滤波算法的基本思想是用图像中某个像素及其周围邻域内像素的平均值来替代原始像素值，以达到减少噪声和平滑图像的效果。

在均值滤波中，通常使用一个正方形或矩形的滤波窗口在输入图像上滑动。

每次滑动时，计算滤波窗口内像素的平均值，然后将平均值作为本次滑动的滤波输出。

从数学角度来看，均值滤波的算法可以定义如下：假设滤波器窗口的大小为 $m \times m$，对于图像中的像素点 $I(x, y)$，均值滤波后的像素值为

$$I'(x, y) = \frac{1}{m \times m} \sum_{i=-a}^{a} \sum_{j=-b}^{b} I(x+i, y+j)$$

式中，$a = (m-1)/2$；$b = (m-1)/2$；$(x+i, y+i)$ 是滤波窗口覆盖的像素位置。

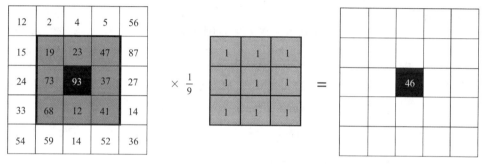

图2-1 均值滤波示意图

图 2-1 展示了均值滤波的计算过程。图 2-1 中左侧最大的的正方形为原始输入图像，中间的数字代表每个像素点的像素值，灰色阴影的正方形为滤波窗口，在图示的时刻，均值滤波正在对输入图像中以像素值 93 为中心的 3×3 范围的领域进行滤波操作。

一般而言，图像中噪声点的像素值和周围像素值相比会有较大的突变，而均值滤波通过计算滤波窗口覆盖下像素的平均值，可以使噪声点的突变像素值变得不那么明显，从而达到降噪和平滑图像的效果。

在图 2-1 中，可以将均值滤波窗口看作是有参数的窗口，其中参数值都是 1（或 1/9）。执行均值滤波运算时，原始图像中的像素值与滤波窗口中对应位置的像素值相乘，然后将结果相加，便可得到滤波后的像素值。

这一步骤可以解释为，对原始图像中的每个像素值乘上权重（1/9），然后对结果进行累加。这一过程称之为乘累加（multiply-accumulate, MAC）。乘累加的概念在本书后续章节中会多次提到，尤其是在基于深度学习的卷积算法以及矩阵乘法中，都离不开乘累加运算，这也使得传统计算机视觉中的滤波操作和卷积运

算在操作上存在异曲同工之妙。

2.2.2　代码实战

在了解均值滤波的算法原理之后，接下来利用 Python 来完成一次对于输入图像的均值滤波操作。

首先，通过以下代码以灰度图的形式读入一张图像。

```python
import cv2
import numpy as np
import matplotlib.pyplot as plt
image = cv2.imread("panda.png", cv2.IMREAD_GRAYSCALE)
```

其中，panda.png 可以替换为任意的图像，通过 cv2.imread 函数将图像读取到计算机，并且通过 cv2.IMREAD_GRAYSCALE 指定函数以灰度图的形式读取图像。

然后，编写函数 add_salt_and_pepper_noise() 来对读入的灰度图像添加噪声，方便使用均值滤波对噪声进行滤除。

```python
def add_salt_and_pepper_noise(image, salt_prob, pepper_prob):
    """
    向图像中添加椒盐噪声
    参数：
    image (numpy.ndarray)：原始图像
    salt_prob (float)：添加白色（盐）噪声的概率
    pepper_prob (float)：添加黑色（椒）噪声的概率
    返回：
    numpy.ndarray：添加椒盐噪声后的图像
    """
    noisy_image = image.copy()  # 创建图像的副本以避免修改原始图像
    total_pixels = image.size  # 计算图像中的总像素数
    # 添加椒盐噪声（黑色）
    # 根据椒盐噪声概率计算需要添加的椒盐噪声像素数
    num_salt = np.ceil(salt_prob * total_pixels)
    # 随机生成椒盐噪声的坐标
    salt_coords = [np.random.randint(0, i -1, int(num_salt)) for i in
image.shape]
    # 将椒盐噪声像素设置为白色
```

```
noisy_image[salt_coords[0], salt_coords[1], :] = 255
    # 添加椒盐噪声（白色）
    # 根据椒盐噪声概率计算需要添加的椒盐噪声像素数
    num_pepper = np.ceil(pepper_prob * total_pixels)
    # 随机生成椒盐噪声的坐标
    pepper_coords = [np.random.randint(0, i -1, int(num_pepper)) for i
in image.shape]
    # 将椒盐噪声像素设置为黑色
    noisy_image[pepper_coords[0], pepper_coords[1], :] = 0
    return noisy_image  # 返回添加了噪声的图像
salt_and_pepper_image = add_salt_and_pepper_noise(image,salt_prob = 0.02,
pepper_prob = 0.02)
 # 定义均值滤波器的核大小
kernel_size = (8, 8)
```

随后调用 cv2.blur 来定义均值滤波器并对添加了噪声的图像进行均值滤波操作。

```
filtered_image = cv2.blur(salt_and_pepper_image, kernel_size)
```

最后将原始图像、添加了噪声的图像以及滤波之后的图像显示出来。

```
fig, axes = plt.subplots(1,3,figsize=(15,5))
#显示原始图像
axes[0].imshow(image,cmap='gray')
axes[0].set_title("OriginalImage")
axes[0].axis("off")
#显示添加椒盐噪声后的图像
axes[1].imshow(salt_and_pepper_image,cmap='gray')
axes[1].set_title("ImagewithSaltandPepperNoise")
axes[1].axis("off")
#显示应用均值滤波后的图像
axes[2].imshow(filtered_image,cmap='gray')
axes[2].set_title("FilteredImage")
axes[2].axis("off")
plt.show()
```

上述代码的完整版可以在本书配套的代码 samples/2_mean_blur/ 目录下获取。代码实验效果如图 2-2 所示。

(a) 原图

(b) 添加了噪声的图

(c) 滤波之后的图

图 2-2 均值滤波效果

可以看到，均值滤波之后图像变得更加平滑，添加的噪声已经变得不那么明显了。在示例代码中，滤波窗口大小被设置为了 8×8。一般而言，滤波窗口设置得越大，输出图像平滑得越厉害，但可能也会越模糊。所以窗口设置多大，需要根据实际情况来决定，读者可以通过调整均值滤波的窗口大小，来观察不同滤波大小对于滤波效果的影响。

2.3
高斯滤波

2.3.1 算法解析

高斯滤波算法也是一种常用的图像处理方法，它主要用于去除图像中的噪声，尤其是高斯噪声。它通过对图像进行平滑处理来实现噪声的减少，同时尽量保留图像的边缘和细节信息。

高斯滤波算法基于高斯函数（Gaussian function）来实现，该函数在数学上定义为

$$G(x,y) = \frac{1}{2\pi\sigma^2} e^{-\frac{x^2+y^2}{2\sigma^2}}$$

式中，x 和 y 是距离滤波器中心横向和纵向的距离；σ 为高斯分布的标准差，

它决定了滤波器的平滑程度。高斯函数具有钟形曲线的特点，中心位置数值最大，随着与中心位置距离的增加数值逐渐减小。

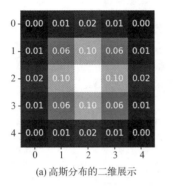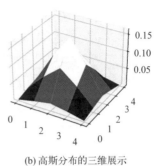

(a) 高斯分布的二维展示　　　　　　　(b) 高斯分布的三维展示

图2-3　高斯滤波器的参数分布

图 2-3 是高斯滤波器中参数的分布图像，图 2-3（a）为二维平面展示，图 2-3（b）为三维展示。可以看到高斯滤波器在横向和纵向（对应到图像中为宽度和高度）两个方向上都符合高斯分布。

和均值滤波算法不一样的是，高斯滤波器中的参数不再是固定相同的数值。在高斯滤波中，参数的分布符合高斯分布，使用高斯分布的参数对图像中的像素及其周围像素进行加权计算后，由于滤波器中心点数值最大，因此图像中心像素对于输出像素的贡献最大，周围像素的影响逐渐减小。

高斯滤波算法被广泛地应用于图像去噪、模糊处理、特征提取等领域。在图像去噪方面，它可以有效地减少图像中的高斯噪声。高斯噪声也被称为正态噪声，是一种在自然界中广泛存在的随机噪声，它的概率密度函数也遵循高斯分布，高斯噪声经常用于模拟现实世界中的噪声。处理高斯噪声的一种常见方法便是使用高斯滤波器对图像进行平滑处理。

接下来利用 Python 对一张原始图像增加高斯噪声，随后通过高斯滤波对图像进行降噪处理。

2.3.2　代码实战

首先，与均值滤波类似，以灰度图的形式读入一张图像，然后定义添加高斯噪声的函数 add_gaussian_noise()，该函数可以对读入的图像添加高斯噪声。

```
def add_gaussian_noise(image,mean=0,sigma=25):
    row,col = image.shape
    gauss = np.random.normal(mean,sigma,(row,col))
    noisy=np.clip(image+gauss,0,255)
    return noisy.astype(np.uint8)
# 向原始图像添加高斯噪声
noisy_image = add_gaussian_noise(original_image,100,25)
# 使用高斯滤波对添加噪声的图像进行去噪处理
denoised_image=cv2.GaussianBlur(noisy_image,(5,5),100)
```

在上述代码中，通过 add_gaussian_noise() 函数向原始图像中添加了均值为100 的高斯噪声，并且使用高斯滤波对添加了噪声的图像进行滤波操作。

图 2-4　高斯滤波效果

图 2-4 展示了对原始图像添加高斯噪声后，使用高斯滤波对其进行滤波操作的效果图。图 2-4（a）为输入的原始灰度图像，图 2-4（b）为添加了高斯噪声的图像，图 2-4（c）为使用高斯滤波之后的图像。可以看出经过高斯滤波之后，图像中的高斯白噪声基本被滤除掉了，这说明高斯滤波在去除高斯白噪声方面效果显著，但是滤波之后的图和原图相比，清晰度受到了损坏，这是因为滤波操作改变了原始图像的像素值导致的。

本小节代码的完整版可以在本书配套的代码 samples/3_gussian_blur/ 目录下获取。

本小节和上一小节分别介绍了均值滤波和高斯滤波的原理，事实上滤波算法还有很多，本书就不展开介绍了。读者从这两小节中了解均值滤波和高斯滤波的基础原理即可。

总的来说，无论是均值滤波还是高斯滤波，都是对输入图像施加一个矩形的滤波器窗口，然后对原始图像中的像素点及其周围相邻像素点进行加权计算以得到滤波的输出。这一步骤和卷积有类似之处，在 4.1 节介绍卷积算法时，读者可以将滤波算法和卷积算法进行类比。

2.4
边缘检测

边缘检测是传统计算机视觉中的一项常见且基本的技术，旨在识别图像中物体的边缘。它在图像分析、物体识别和场景理解等方面具有重要作用。

一般而言，图像中物体的边缘是像素值变化较大的地方。图像的边缘通常对应于物体的轮廓、物体表面的分界线或其他重要的图像特征。通过提取图像中的边缘信息，可以简化图像的表示，突出重要的结构特征，为后续图像分析（如图像分割）提供有价值的数据。

在传统计算机视觉算法中，边缘检测一般通过预先设计好的算法（也称算子）来实现，常见的边缘检测算子有以下几种：

① Sobel 算子　可以有效地检测图像中的垂直和水平边缘。

② Prewitt 算子　类似于 Sobel 算子，是一种常用的边缘检测方法。

③ Canny 算子　该算法结合高斯平滑、梯度计算和非极大值抑制等步骤，是一种广泛使用的边缘检测算法。

④ Laplacian 算子　通过对图像进行拉普拉斯运算，突出图像中边缘。

以上几种算法是常见的边缘检测算法。与基于深度学习的边缘检测不同的是，传统的边缘检测算法是人们精心设计和验证的算法，比如 Sobel 算子在识别和检测图像中垂直和水平边缘方面更加有效，而 Canny 算子通过加入高斯平滑的步骤，对含噪声的图像进行边缘检测更为有效。

下面是利用 Canny 算子完成图像的边缘检测的 Python 示例代码。

```
import cv2
import matplotlib.pyplot as plt
image=cv2.imread("cat.png",cv2.IMREAD_GRAYSCALE)
# 使用Canny边缘检测算法检测图像边缘
# cv2.Canny函数接收图像和两个阈值(低阈值和高阈值)，这里设置为50和150
edges = cv2.Canny(image,50,150)
```

在上述代码中，首先以灰度图形式读取了一张图像。将其转换为灰度图是因为色彩信息对于边缘检测而言并非主要信息来源，而灰度图更简单高效的像素值表示可以更加清晰地检测出图像的边缘。

接着，调用 cv2.Canny 函数进行边缘检测。cv2.Canny 函数有两个阈值参数，分别为低阈值和高阈值，Canny 算子通过这两个阈值确定图像中的边缘。

低阈值参数用于判断边缘像素的梯度值低于该阈值的情况，这些像素被认为不是边缘。而如果某个像素的梯度值超过了低阈值，它将被标记为可能的边缘。

高阈值参数用于判断边缘像素的梯度值高于该阈值的情况，这些像素被视为强边缘。如果某个像素的梯度值介于低阈值和高阈值之间，它将被标记为弱边缘。

在实际应用中，可以通过选择合适的高阈值和低阈值来确保 Canny 算子正确检测出图像中的边缘。需要注意的是，这两个阈值的选择可能会因图像的不同而产生差异，因此需要进行一些试验和调整。示例代码中设置的低阈值为 50，高阈值为 150。

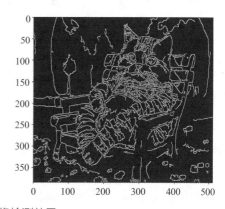

图 2-5 边缘检测效果

图 2-5 展示了利用 Canny 算子对图像进行边缘检测的效果。可以看出，原始图像中突出的物体边缘，尤其是大树和椅子的轮廓以及猫咪的纹理基本上都被检测出来了，检测效果还是不错的。

本节代码的完整版可以在本书配套的代码 samples/4_canny/ 目录下获取。

2.5

图像分割

在传统计算机视觉任务中，图像分割是一项非常重要的技术，它的目的是将图像划分为具有相似特征的多个区域或对象。

图像分割可以简化或者改变图像的表示，使图像更加容易分析和理解。在图像分割的过程中，图像的像素会被划分为多个组，每个组都可以看作是具有相似特征（如颜色特征或纹理特征）的集合。这些集合使得图像能够被分割为多个具有特定意义的区域。图像分割有许多应用领域，包括医学影像分析（如肿瘤诊断）、遥感图像处理（如植被监测）以及自动驾驶（如区分行人和障碍物）等。

图像分割算法包括多种方法，如阈值分割法、区域生长法、聚类算法等。本节以基于阈值分割的大津算法为例，说明图像分割的实现原理和应用。在详细介绍大津算法之前，先来看一下什么是图像的前景和背景。

在图像处理和计算机视觉中，前景和背景是两个基础概念，用于描述图像中不同区域的属性和关系。

前景通常指的是图像中感兴趣的对象或者区域，是希望从图像中提取和关注的部分。在不同的场景中，前景可以是人、车辆、动物或文字等，具体哪些属于前景取决于分析目标和任务需求。

背景则是指图像中除前景之外的其余部分，通常包括环境、场景或不感兴趣的区域。背景往往作为前景的衬托，有时可能包含噪声、杂乱的信息或不相关的对象。在某些应用中，简单统一的背景有助于突出前景，而在一些情况下，复杂多变的背景可能会给前景分析带来额外困难。

图 2-6 展示的是一幅图像，内容为"一只猫在花园中"。我们可以认为，图像中的猫是前景，而周围的花园和树木则为背景。

在一些图像处理任务中，准确地分割前景和背景非常关键。图像分割就是希望将图像中的不同对象分离开来，其中的第一步就是要准确识别图像的前景和背景。

那么，如何有效地区分图像的前景和背景呢？可以使用灰度图。

在灰度图表示的图像中，所有像素的灰度值都被限制在了 0 到 255 之间。如果要区分灰度图的前景和背景，就需要找到一个灰度阈值，例如 100，将灰度值大于 100 的所有像素分为一组，称之为前景（或背景），将灰度值小于等于 100 的所有像素分为一组，称之为背景（或前景）。

图 2-6 "一只猫在花园中"

基于这个思路，就可以很简单方便地将一张图像的前景和背景分开了。那么，图像分割的问题就可以转化为：如何选择一个合适的阈值，来将灰度图中的所有像素分为两组。

这里就不得不提大津算法（otsu's method）了。大津算法也被称为大津阈值法，是一种自适应阈值的图像分割方法，该算法由日本学者大津展之于 1979 年提出。该算法的目的是从灰度图像中自动选取一个阈值，将图像中的所有像素分为前景和背景两类，同时使这两类像素值之间的类间方差最大，以达到最佳分割效果。

可以看出，大津算法其实存在两个关键点：自动选择阈值以及最大化类间方差。

首先，假设已经找到了一个阈值 t，通过阈值 t 将图像中的像素划分为两类，这里分别记为类 A 和类 B。其中类 A 中的所有像素值都小于阈值 t，而类 B 中的所有像素值都大于等于阈值 t。这两类像素值可以看作是两个集合。为了使前景和背景分割的效果最佳，需要类 A 和类 B 这两个集合中的像素值差距最大。

为此，大津算法中定义了一个指标，即两类像素集合中所有像素点的类间方差。如果类间方差最大，那么通过阈值 t 分割出来的图像前景和背景就最明显。

类间方差的计算公式如下：

$$\sigma^2(t) = w_0(t)w_1(t)\left[\mu_0(t) - \mu_1(t)\right]^2$$

式中，$w_0(t)$ 和 $w_1(t)$ 分别为属于前景和背景的像素点个数占总像素点个数的比例；$\mu_0(t)$ 和 $\mu_1(t)$ 分别是属于前景和背景的像素点的平均灰度值。

为了确定这个阈值 t，大津算法采用遍历的方法完成：首先假设阈值为 0，此时用阈值 0 将图像中所有像素划分为两类，并且计算这两类像素的类间方差，记为 E_0；然后继续假设阈值为 1，同样可以将图像以阈值 1 划分为两类，此时可以得到类间方差 E_1，依此类推便可以得到类间方差 E_0 到 E_{255}；最后遍历 E_0 到 E_{255} 这 256 个数值，得到最大的类间方差 E_m，则具有最大化类间方差效果的阈值为 $t = m$。

如此一来，便可以利用确定好的阈值 m 来对图像进行分割了。大津算法的完整实现步骤为：

① 计算图像的直方图　统计图像中每个灰度值的像素点个数。

② 计算累积分布函数　计算每个灰度值下的像素点个数占总像素点个数的比例。

③ 遍历所有可能的阈值 t　对于每个阈值，根据累积分布函数计算前景和背景的像素比例以及平均灰度值，依据类间方差的公式计算类间方差。

④ 选择最大类间方差的阈值作为最佳阈值　这里假设最佳阈值为 m。

⑤ 使用最佳阈值对图像进行二值化处理　将灰度值小于等于 m 的像素设置为背景（通常将对应的灰度值设为 0），将灰度值大于 m 的像素设置为前景（通常将对应的灰度值设为 255）。

经过以上几个步骤，便可以将一张图像进行前景和背景的分割。大津算法的优点是自动化程度高，不需要人工设置阈值，非常适用于自动图像分割任务。但是如果图像的前景和背景对比度不高，或图像中噪声较多，大津算法的分割效果可能不理想，在这种情况下，需要结合其他的图像处理技术来改善分割结果。

以下是基于大津算法进行图像分割的 Python 代码示例。

```python
import cv2
import numpy as np
import matplotlib.pyplot as plt
image=cv2.imread("panda.png", cv2.IMREAD_GRAYSCALE)
_,thresholded=cv2.threshold(image,0,255,cv2.THRESH_BINARY+cv2.THRESH_OTSU)
plt.subplot(121),plt.imshow(image,cmap="gray")
plt.title("OriginalImage"),plt.xticks([]),plt.yticks([])
plt.subplot(122),plt.imshow(thresholded,cmap="gray")
plt.title("SegmentedImage"),plt.xticks([]),plt.yticks([])
plt.show()
```

在上述示例代码中，以灰度图读取了一张测试图像，然后调用 cv2.threshold 函数对图像进行分割。cv2.threshold 函数中，cv2.THRESH_BINARY 表示对图像进行二值化操作，cv2.THRESH_OTSU 表示使用大津算法进行图像分割。cv2.threshold 函数返回两个参数：第一个参数是寻找到的最佳分割阈值，第二个参数是分割后的图像。分割后的图像可以通过 matplotlib 库显示出来。

图2-7 使用大津算法对图像进行分割

图 2-7 展示了使用大津算法进行图像分割的效果。可以看到，大津算法基本上将图像的前景和背景分割开了，而且保留了较完整的熊猫特征。

如前所述，大津算法假定图像中只有前景和背景两个类别。如果图像中存在更加复杂的结构，或者希望将图像分为更多个类别，此时大津算法便不再适用，需要使用其他的图像分割算法来完成。

本节代码的完整版可以在本书配套的代码 samples/5_dajin/ 目录下获取。

2.6
本章小结

本章介绍了传统计算机视觉中经典算法，包括均值滤波、高斯滤波、基于 Canny 算子的图像边缘检测以及基于大津算法的图像分割。之所以介绍这些经典的算法和应用场景，是为了让读者对计算机视觉算法有基本的理解和初步的认识。不过，传统的计算机视觉算法并非本书重点，本书的重点是基于深度学习的计算机视觉算法。

通过对传统计算机视觉算法的学习和理解，可以发现很多算法原理与深度学习中的一些算法有相似之处，例如本章介绍滤波算法时，提到的滤波窗口与深度学习中的卷积核很类似。先了解滤波算法，有助于后续学习深度学习算法。

实际上，不论是传统计算机视觉算法还是基于深度学习的计算机视觉算法，处理图像都离不开对于图像像素的理解和运算。典型的像素间运算是对图像中局部像素进行乘累加运算。在对滤波算法中的乘累加运算进行了解后，对于后续理解卷积、矩阵乘法及这些算法在深度神经网络中发挥的作用将会有很大的帮助。

AI视觉算法
入门与调优

Chapter

3

基于深度学习的计算机视觉

3.1

基础概念

在介绍基于深度学习的计算机视觉算法之前，本节将先介绍一些深度学习的基础知识。之所以这样做，是因为在很多算法的描述中，会涉及一些基础的深度学习概念，如训练或推理，以及神经网络的正向传播和反向传播等。

3.1.1 人工神经网络

如 1.1 节所述，深度学习是机器学习的一个重要分支，它的特点就是需要构建多层且"深度"的人工神经网络。

我们在初中生物课上学过，人类大脑中有很多神经元，神经元之间通过突触相连，构成了一个无比复杂的脑神经网络。在人工智能的早期探索中，人们就曾设想过利用数学来构建一个模型，该模型可以模拟人的大脑结构，同时还具备一定的智能。

人工神经网络就是一种类似的模型，它模拟的便是复杂的脑神经网络。它通过将人脑中的神经元细胞替换成具体的 AI 算法，将脑神经元的激活替换成激活函数等操作，构建出了一个复杂且具备一定智能的网络结构模型。如无特殊说明，本书中后续提到的神经网络均指深度学习中的人工神经网络。

图 3-1 展示了一个神经网络结构片段。可以看到神经网络由多层算法构成，如 Conv2d、ReLU 和 MaxPool 等算法，这些算法模拟了神经元的计算功能，共同构成了庞大的神经网络模型。

神经网络可以分为多种类型，以下是常见的分类：

（1）前馈神经网络（feedforward neural networks, FNN）

这是一种最基本的神经网络类型，数据在神经网络中只沿着一个方向流动，从输入层流向输

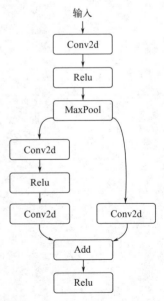

图 3-1 神经网络结构示意图

出层，中间可能经过多个隐藏层。典型的前馈神经网络包括多层感知机（MLP）。

（2）卷积神经网络（convolutional neural networks，CNN）

卷积神经网络专门用于处理具有明显网格结构的数据，如图像（2D网格）和音频（1D网格）。卷积神经网络中核心算法是卷积算法，卷积神经网络通过卷积算法来提取数据特征，已经被广泛地应用于图像识别、视频分析等领域。

（3）循环神经网络（recurrent neural networks, RNN）

循环神经网络是一类用于处理序列数据的神经网络，它在自然语言处理、语音识别、时间序列预测等领域有着广泛的应用。循环神经网络的核心特点是网络中存在循环结构，这使得它能够记忆并利用序列中之前的信息来影响后续的输出。典型的循环网络有基础的RNN网络以及在此基础之上发展的长短时记忆（long short-term memory, LSTM）网络和门控循环单元（gated recurrent unit, GRU）。

（4）生成对抗网络（generative adversarial networks, GAN）

生成对抗网络由生成网络和判别网络组成，通过对抗过程来生成新的数据样本，常用于图像生成、风格转换等领域。

（5）类Transformer神经网络

Transformer类神经网络基于注意力机制来实现，没有卷积和循环结构，能够让模型在处理数据时自动聚焦于重要的信息。目前，类Transformer神经网络已经在自然语言处理或人工智能多模态大模型中发挥着重要作用。

对于神经网络模型而言，完成不同任务的模型结构往往不同，但都有一个特点，那就是模型的层数很深。大量的案例已经验证了这种深度神经网络具有很强的学习能力。目前，基于深度学习的神经网络模型已经在多个领域取得了显著成就，如基于Yolo系列的卷积神经网络已经广泛应用于工业目标检测领域，基于类Transformer架构的预训练大模型已经成为提高人们工作效率的工具，等。

3.1.2　训练和推理

如果把神经网络模型比作人的话，那么模型的训练（training）过程就相当于我们在初高中的学习过程，而模型的推理（inference）则相当于参加高考。中学阶段，我们通过学习大量的知识来训练自己的大脑。在参加高考的过程中，则利用已训练好的大脑和所学到的知识去解决问题。

对于神经网络模型而言，想要可以顺利地完成推理，就必须经过训练。

训练是指通过给定的数据集，利用深度学习算法来调整和优化神经网络模型的参数，使其能够从数据中学习，并形成对未知数据的预测能力。

这里提到的训练数据集就相当于中学时代书本上的知识。我们在学习的过程中，不断调整大脑对于知识的理解和感悟，相当于神经网络模型不断调整和优化自己的参数。通过大量的数据进行训练，模型就能够拥有对未知数据的预测能力。

在训练模型时，第一步需要对训练数据集进行标注，也称打标签。所谓的打标签，就是依据任务的不同，对数据集给定一个正确的输出结果，使模型朝着正确的方向去调整参数。

例如，现在正在训练一个模型，使其可以完成图像分类的任务，那就需要对训练数据集中的每一张图像打上类别标签。比如，一张图像中是一只猫，就需要给这张图像打上"猫"的标签。而如果此时正在训练一个模型，使其具备图像目标检测的能力，则还需要给图像标注上坐标标签，从而使模型在识别图像的过程中能够用框的形式标记物体在图像中的位置，如图 3-2 所示。

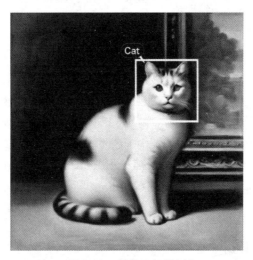

图 3-2 图像目标检测

了解了模型的训练后，推理就很容易理解了。推理是指将训练好的模型直接应用到真实数据上，让模型对真实数据进行预测的过程。我们日常使用手机进行人脸识别的过程，实际上就可以认为是一次模型推理的过程。

3.1.3　正向传播和反向传播

神经网络在进行运算时，根据数据的流向不同分为正向传播和反向传播两个过程。正向传播是指数据从输入层流向输出层的过程，而反向传播则是指数据从输出层到输入层的反向流动过程。

在推理场景下，利用神经网络推理识别一张图像时，图像数据从神经网络的输入层经过层层计算直至输出层，然后输出推理结果。这是正向传播过程，因此在推理时数据只有正向传播。

相较于正向传播，反向传播则更为复杂。反向传播通常在训练神经网络时发生，它是一种用于优化神经网络权重的算法，以减少模型预测和实际数据之间的差异。

在上一小节，以我们学习和考试的例子类比了神经网络模型的训练和推理。在学习时，大脑需要不断地加深对知识的理解，此时大脑有一个不断反馈和更新知识的过程。在神经网络中，这个过程同样存在，这些被校正或更新的参数称为神经网络的权值。

在传统计算机视觉部分，我们介绍了均值滤波算法。均值滤波窗口中的参数可以认为是固定的数值，这个数值就是均值滤波器的权重。在神经网络中，模型的权重则是可以不断调整的，而反向传播算法就是用来调整这些权重参数。

神经网络的训练需要经过多轮迭代。每次迭代都会将当前推理的结果和真实结果（标签）进行对比。一般来说，神经网络的最后一层会连接一个损失函数，用来衡量推理结果与真实结果之间的差别。

损失函数接收两个输入，一个是本轮的推理预测值，另一个是真实值。通过一定的算法将预测值和真实值之间的差别计算出来，损失函数的输出则为损失值（loss）。损失值越大，说明预测值与真实值之间的差别越大，也就意味着本轮预测效果不佳，反之，如果损失值很小，则说明预测值与真实值之间的差别很小，意味着本轮预测效果较好。

因此，神经网络训练的目标就是不断降低 loss，直到将 loss 降低为零或者接近零（见图 3-3）。此时，神经网络模型收敛到一定的精度，模型的训练就可以结束了，而这也是损失函数的作用。常见的损失函数有很多，每一种损失函数适用的场景不同，需要根据具体的任务来设计和选择最适合的损失函数，关于损失函数的内容可查阅本书的 4.7.2 小节。

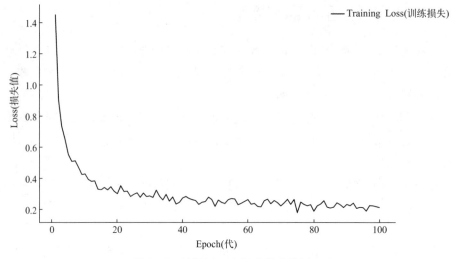

图 3-3 训练过程中损失值变化过程

为了帮助读者理解反向传播过程，下面用通俗的语言来描述神经网络模型在训练过程中是如何进行反向传播的。

在对模型进行第一轮训练时，神经网络里的权值参数可能都是随机值，因此，第一次基于随机值进行预测的结果与真实结果可能相差很远。假设在某一预测任务中，数据对应的真实标签是 10，而神经网络的预测结果是 1000，此时，预测值比真实值高很多，显然希望下一轮训练的预测结果可以小一些，从而更加接近真实值。

因此，在第一轮训练后，模型的损失函数会计算预测值与真实值之间的差距，也就是损失值。计算完本轮的损失值后，神经网络模型会将这一损失值从最后一层反向往前传递，如此一来，每一层都可以接收到后面一层传递过来的损失变量，每一层都会了解到本轮预测的值偏高，从而根据自身的算法来调整本层的权重，使下一轮预测值变低一些。

如果下一轮次预测值是 800，虽然结果仍然偏高，但神经网络会继续把这一轮次的损失值进行反向传播，每一层继续调整权重参数。如此反复，直到神经网络预测的结果为 10 或者接近于 10。

实际训练时，每一层在调整参数时，需要根据上一层传递的变化量（梯度）来计算本层的梯度，从而调整本层的权值。在参数调整过程中，还有一个重要参数需要了解，那就是学习率。

假设某一轮的预测值为 20，高于真实值 10。希望模型在下一轮调整参数使预测值变低。但很容易出现的情况是下一轮的预测值变成了0，此时预测值低于真实值。模型会继续调整参数，结果预测值又变大成了20，这样反复调整会导致预测值在真实值10附近上下波动，但是不收敛。

这是因为每次训练时参数调整的幅度过大，在这个时候就可以适当降低参数调整的幅度。而可以控制调整幅度大小的参数便是学习率。学习率是模型在训练时的一个超参数，可以通过设置来调整。

如果降低学习率，模型的预测值可能会在5和15之间波动，如果继续降低学习率，那么预测值可能就会在9.9和10.1之间波动，如此一来，模型的训练基本就达到一个比较好的预测精度了。

在实际训练过程中，可以在训练前期将学习率设置得大一些，后期再将学习率设置得小一些，从而实现模型前期快速收敛、后期精度微调的效果。

以上便是训练中数据反向传播的大致过程。总结一下，反向传播在神经网络训练中计算过程为：

① 前向传播　将输入数据传递到神经网络中，通过各个隐藏层进行处理，此时每一层的输出都是下一层的输入，直到达到输出层输出结果。

② 计算损失　在得到神经网络的预测输出后，通过损失函数计算预测值与真实值之间的误差。

③ 反向传播误差　从输出层开始，计算损失函数关于每一层权重的梯度，这个过程通过链式法则进行。具体来说，对于每一层，首先计算该层输出对损失的影响（即该层的梯度），然后根据该梯度和学习率调整该层的权重。这个过程一直向后传递到输入层。

④ 权重更新　使用计算得到的梯度和学习率来更新网络中的权重。权重的更新公式通常为新权重 = 旧权重 − 学习率 × 梯度。

⑤ 迭代　重复上述过程，对每个训练数据样本或每轮次训练样本进行迭代，直到满足训练停止条件，如损失值低于某个阈值或者达到预定的迭代次数等。

反向传播算法是深度学习中的基础技术，它使得训练深层的神经网络成为可能，在深度学习的发展过程中，反向传播算法发挥了巨大的促进作用。通过正向传播和反向传播两个过程，神经网络可以借助大量的训练数据调整模型的权重，使模型逐渐得到优化并具备较好的泛化能力。

在本书的3.3节，会有一个卷积神经网络模型的实战训练。读者可以按照3.3节的内容亲自训练一个神经网络模型。

3.2

卷积神经网络

卷积神经网络是一种特殊的深度学习神经网络模型，特别适用于处理具有网格结构的数据，如图像。卷积神经网络通过使用卷积层自动提取图像特征，避免了传统图像处理方法中手工设计特征的复杂性，从而在图像识别、分类和分析等任务中取得了卓越的性能。

1998 年，Yann LeCun 提出的 LeNet-5 是最早的卷积神经网络模型之一，该网络被成功地应用于手写数字识别任务中。2012 年，Alex Krizhevsky 等人提出 AlexNet，通过在 ImageNet 大规模视觉识别挑战中取得突破性成绩，标志着深度学习时代的到来。2014 年，牛津大学学者提出 VGGNet，通过使用小尺寸卷积核和深层网络结构，进一步提高了图像识别的准确率。2015 年，微软研究院的学者提出 ResNet，通过引入残差学习机制，解决了深层网络训练难的问题，极大地推动了深度神经网络的发展。

时至今日，卷积神经网络在图像识别和分类、物体检测、图像语义分割、图像生成等领域发挥了重要作用。卷积神经网络的发展和应用也极大地推动了人工智能技术的进步，持续引领着计算机视觉的发展方向。

3.2.1 ResNet50 模型

卷积神经网络在发展过程中出现了很多经典的网络模型结构，比如可以完成图像分类的 ResNet50，可以进行图像目标检测的 Yolo 模型，可以进行图像分割的 Unet 模型，等。本书将以 ResNet50 模型为重点，详细阐述其包含的算法原理和网络结构。

ResNet50 是一种深度残差网络（deep residual network），是 ResNet 系列模型中的一个变体。它由微软研究院的研究者 Kaiming He 等人在 2015 年提出，并在 ImageNet 图像识别挑战赛中取得了优异的成绩。ResNet50 模型的主要特点是引入了残差学习机制，该机制可以在增加网络深度的同时保持模型训练的稳定性，同时可以有效地解决深度神经网络训练过程中可能出现的梯度消失和梯度爆炸问题。

ResNet50 网络的基本构建单元是残差块，如图 3-4 所示。每个残差块包含多个卷积层，以及一个跳跃连接（shortcut connection），跳跃连接将残差块的输入直

接添加到输出上。这样的设计使得网络可以学习输入和输出之间的残差（即差异），
而不是直接学习网络的输出。如果输入和输出非常相似，网络可以轻松地将权重设置为零，从而实现输入和输出之间的恒等映射。

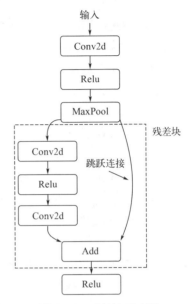

在 ResNet50 中，"50" 指的是网络中包含 50 个卷积层。ResNet 系列模型有很多，比如 ResNet18 以及 ResNet101 等，这些模型的结构类似，仅在卷积层和残差块的数量上有一些差异。可以这么认为：模型后面的数字越大，意味着模型中的卷积层越多，模型的深度也就越深。

ResNet 结构自提出之日，就在深度学习的计算机视觉任务中发挥了巨大的作用。许多模型会以 ResNet 作为骨干（backbone）网络来构建神经网络。骨干网络根据具体任务的不同，层数不一，但是算法和原理都是基于 ResNet 而来。这主要是因为 ResNet 结构

图 3-4 残差块示意图

有很强的图像特征提取能力。因此，很多模型将其作为骨干网络使用的一个目的，便是将 ResNet 作为图像的特征提取器来使用。如图 3-5 所示，特斯拉公布的占用网络，便使用 ResNet 作为图像的特征提取器，提取完图像特征后，模型再进行后续的分析和处理。

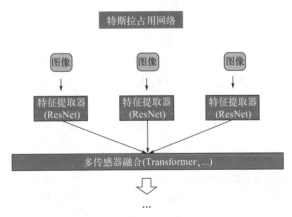

图 3-5 特斯拉占用网络结构示意图（片段）

3.2.2 ResNet50 中的算法

ResNet50 神经网络包含很多经典的深度学习算法，包括卷积算法、BN 算法、池化算法、激活函数、全连接算法、SoftMax 算法等。下面对每种算法进行简要说明。

① 卷积算法 卷积是 ResNet 中的核心算法，它的主要作用是对图像或者特征图进行特征提取，实现不同尺度下图像的特征融合。关于卷积的详细内容可参阅本书的 4.1 节。

② Batch Normlization 算法 Batch Normlization 算法简称为 BN 算法，用来对模型隐层的输出数据进行标准化操作，以消除由于隐层输出数据分布不一致带来的影响。关于 Batch Normlization 的详细内容可参阅本书的 4.3 节。

③ 池化算法 池化的作用大多数是为了减少神经网络模型中的计算量，同时保留图像中的关键特征。关于池化的详细内容可参阅本书的 4.2 节。

④ 激活函数 激活函数有很多变种，典型的激活函数包括有 ReLU 激活函数和 Sigmoid 激活函数等。在卷积神经网络中激活函数一般放在卷积层后面，用来对卷积的运算结果施加一个非线性因素。关于激活函数的详细内容可参阅本书的 4.4 节。

⑤ 全连接算法 在一些书籍中也被称为线性层（Linear 层）。它的作用是将神经网络学到的特征进一步融合，并映射到样本空间的特征上。关于全连接的详细内容可参阅本书的 4.6 节。

⑥ SoftMax 算法 在全连接层的后面，有时会跟着一个 SoftMax 层。SoftMax 并不改变全连接层输出结果的相对大小，但是会让输出结果之间的差异变大，同时将输出结果映射为概率。关于 SoftMax 的详细内容可参阅本书的 4.7 节。

在 ResNet50 中，加法运算是为了实现残差结构的跳跃连接，如图 3-4 中的 Add 节点。

以上算法便是 ResNet50 模型所涉及的经典算法。上述每个算法在第 4 章都有对应的小节进行详细阐述，并通过 Python 和 C++ 编程进行实现。笔者建议读者在后续学习相关内容时，参照书中给出的代码多加实战，做到既能理解算法，又能手写代码。

3.3
训练一个卷积神经网络

在了解了深度学习的基础概念后，本节将通过一个经典的图像识别神经网络例子，完成卷积神经网络的训练和推理。本节的目标是熟悉卷积神经网络训练和推理的流程。

本例子中的卷积神经网络完成的是手写数字识别的任务。该任务以数据集小、神经网络结构简单以及任务简单为优势，同时集合了许多计算机视觉中经典的算法，可谓"麻雀虽小，五脏俱全"。除此之外，该神经网络用到的训练数据集很小，即使使用普通笔记本的 CPU 也可以完成训练，不用担心硬件配置问题，因此非常适合新手学习。

在开始之前，先介绍一下什么是手写数字识别任务。简单来说，就是搭建一个卷积神经网络，对其进行训练，以识别手写数字。

例如，如果在纸上手写一个数字"6"，该神经网络就可以识别出这是 6，如果手写数字"8"，神经网络就可以识别出 8。因此，该任务实际上是一个图像分类任务。之所以说任务简单，是因为它的标签只有 0 到 9 这十种分类，相比之下，ImageNet 数据集中有 1000 个实际物品（比如汽车、猫、狗等）的分类。

与该神经网络配套使用的数据集是 MNIST（mathematical numbers in text）数据集。该数据集中包含了 60000 张训练图像和 10000 张测试图像，图像都是手写数字，图 3-6 展示了数据集中的部分图像。

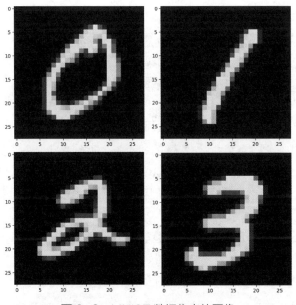

图 3-6 MNIST 数据集中的图像

在了解了项目背景后，下面就利用 Python 编程来一步步地完成该神经网络的训练。

（1）导入必要的库

```
import numpy as np
import pandas as pd
from keras.datasets import mnist
```

keras 是一个开源的人工神经网络库，包含了很多经典的神经网络和数据集，本节要使用的 MNIST 数据集就在其中。

（2）加载数据集

```
(x_train_image,y_train_lable),(x_test_image,y_test_lable)=mnist.load_
data()
```

这条命令利用 keras 中自带的 mnist 模块加载数据集，并且将加载的数据集分别赋值给四个变量。

其中：x_train_image 保存训练图像；y_train_lable 是与之对应的标签；x_test_image 和 y_test_lable 分别为用来验证的图像和标签，也就是验证集。训练完神经网络后，可以使用验证集中的数据进行验证。

（3）数据预处理

```
from tensorflow.keras.utils import to_categorical
x_train=x_train_image.reshape(60000,28,28,1)
x_test=x_test_image.reshape(10000,28,28,1)
y_train=to_categorical(y_train_lable,10)
y_test=to_categorical(y_test_lable,10)
```

在预处理中，需要改变数据集的 shape，使其满足模型要求。该数据集中的共 60000 张图像用于训练，10000 张图像用于验证训练效果，每张图像的长宽均为 28 个像素，通道数为 1。因此，需要将训练数据集的形状转变为 (60000,28,28,1)。

to_categorical 的作用是将样本标签转为 One-hot 编码（关于 One-hot 编码的详细介绍，参考 8.1 节）。

这个例子中，数字 0 ~ 9 转换为 One-hot 编码为：

```
array([[1.,0.,0.,0.,0.,0.,0.,0.,0.,0.],
```

```
[0.,1.,0.,0.,0.,0.,0.,0.,0.,0.],
[0.,0.,1.,0.,0.,0.,0.,0.,0.,0.],
[0.,0.,0.,1.,0.,0.,0.,0.,0.,0.],
[0.,0.,0.,0.,1.,0.,0.,0.,0.,0.],
[0.,0.,0.,0.,0.,1.,0.,0.,0.,0.],
[0.,0.,0.,0.,0.,0.,1.,0.,0.,0.],
[0.,0.,0.,0.,0.,0.,0.,1.,0.,0.],
[0.,0.,0.,0.,0.,0.,0.,0.,1.,0.],
[0.,0.,0.,0.,0.,0.,0.,0.,0.,1.]]
```

每一行的向量代表一个标签。假设 [1.,0.,0.,0.,0.,0.,0.,0.,0.,0.] 代表数字 0，而 [0.,1.,0.,0.,0.,0.,0.,0.,0.,0.] 代表数字 1，可以看到这两者之间是正交独立的，彼此不存在谁比谁大的问题，这也是 One-hot 编码的优势。

（4）创建神经网络并训练

```
from keras import models
from keras.layers import Dense,Dropout,Flatten,Conv2D,MaxPooling2D
model=models.Sequential()
model.add(Conv2D(32,(3,3),activation='ReLU',
input_shape=(28,28,1)))
model.add(MaxPooling2D(pool_size=(2,2)))
model.add(Conv2D(64,(3,3),activation='ReLU'))
model.add(MaxPooling2D(pool_size=(2,2)))
model.add(Dropout(0.25))
model.add(Flatten())
model.add(Dense(128,activation='ReLU'))
model.add(Dropout(0.5))
model.add(Dense(10,activation='SoftMax'))
# 编译上述构建好的神经网络模型
# 指定优化器为 rmsprop
# 指定损失函数为交叉熵损失
model.compile(optimizer='rmsprop',
loss='categorical_crossentropy',
metrics=['accuracy'])
#开始训练
model.fit(x_train,y_train,validation_split=0.3, epochs=5, batch_
size=128)
```

在代码中，创建了一个简单的卷积神经网络模型，然后编译并开始训练。训练使用了 RMSprop 优化器、交叉熵损失函数，以及评估指标 accuracy。最后，指定了训练集和标签集、验证集拆分比例、训练轮次以及批次大小。

程序运行到这一步时，训练结果会显示训练精度达到了 98%，还是很高的。

（5）验证集验证

```
# 在测试集进行模型评估
score=model.evaluate(x_test,y_test)
# 打印测试集的预测准确率
print('测试集预测准确率:',score[1])
```

这一步打印也可以看到，验证集上也能有 98% 的准确率。

（6）验证一张图像

```
# 预测验证集第一个数据
pred=model.predict(X_test[0].reshape(1,28,28,1))
#把SoftMax分类器输出转换为数字
print(pred[0],"转换一下格式得到: ",pred.argmax())
#导入绘图工具包
import matplotlib.pyplot as plt
# 输出这张图像
plt.imshow(X_test[0].reshape(28,28),cmap='Greys')
```

以验证集中的第一张图像为例来进行验证，会输出如下内容："转换一下格式得到: 7"。可见模型的输出是 7，接下来将验证集中的第一张图像显示出来，如图 3-7 所示，确实是 7。说明训练的模型确实可以识别出数字来，而且准确度很高。

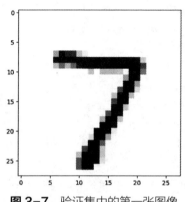

图 3-7 验证集中的第一张图像

总结一下，本书中给出的手写数字识别项目比较简单，仅包含两个卷积层，整体运算量不大。大多数的台式电脑或轻便的笔记本电脑用 CPU 也可以完成该神经网络的训练和推理，读者可以放心使用笔记本进行测试。

在训练的过程中，读者可以关注模型输出的 loss 的变化，应该是逐渐变小的。同时，也可以调整模型中 Dropout 层中每次丢弃神经元的比例，来测试一下训练效果。另外，在验证的过程中，可以尝试在纸上手写一个数字，用该模型来推理验证，看是否可以正确识别出来。注意，手写的数字要粗一些，否则像素太少会影响识别精度。

本节的完整代码可以在本书配套的代码 samples/6_minst 目录下获取。

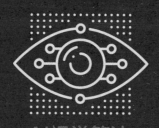

AI视觉算法
入门与调优

Chapter

4

算法详解与实战

4.1 卷积

4.2 池化

4.3 Batch　Normalization

4.4 激活函数

4.5 残差结构

4.6 全连接

4.7 SoftMax 与交叉熵损失

4.8 本章小结

本章将详细介绍 ResNet50 神经网络中的算法原理和背景知识。在深入探讨具体的算法之前，我们先来了解一下神经网络是如何识别一张图像的。

你可能听说过 AlphaGo（阿尔法围棋）与柯洁对弈的故事。2016 年，谷歌旗下的 AlphaGo 机器人战胜了当时世界排名第一的围棋选手柯洁。AlphaGo 所学习的棋谱知识甚至让一些人类选手都难以理解。这一次对弈，展现出了人工智能在特定领域超越人类的潜力。

在看完这个故事后，不知你是否思考过一个问题：AlphaGo 确实是学会了下棋，但是它的记忆存储在哪里呢？

在生物学中，我们知道人脑由大量神经元组成，每个神经元可以看作是一个小型的记忆单元。神经元之间通过突触相连，形成了一个复杂的网络。人脑处理信息，就是通过这个复杂的神经网络来完成的。借助这个复杂的脑神经网络，人脑就能识别出眼前的动物是一只猫还是一只狗。

为了方便理解，这里将复杂的神经网络结构简化，如图 4-1 所示。

在图 4-1 简化的人脑神经网络模型中，每个黑色节点代表一个神经元，黑点之间的连线代表神经元之间的突触。每个神经元负责记忆并存储特定的信息。当我们看到画有猫的图像时，图像信息通过视觉神经传递给大脑神经元。如果某个神经元之前接触过猫的图像，拥有关于猫的记忆，那么该神经元就会被激活并且将信息传递给下一层。如果某个神经元之前没有接触过猫的图像，那么该神经元就不会被激活，

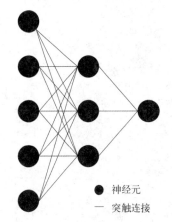

● 神经元
— 突触连接

图 4-1 简化的脑神经网络模型

此时神经元保持静止状态，信息便不会继续往下传。通过这样一层层地传递，最终我们的大脑可以得出结论：这是一只猫。这个过程是大脑的推理过程。

在这个过程中，每个神经元都有可能存储记忆，但存储的内容各不相同。有些神经元可能识别猫，有些可能识别狗，但是只要信息能够通过某些神经元的连接顺利传递到最后一层，我们的大脑就能够得出正确的结论。

那么，人工神经网络是如何模拟这个信息传递和激活的过程的呢？换句话说，有什么办法可以在数学上模拟"如果某个节点拥有猫的记忆，就把这一信息继续往后传递"呢？为了更加通俗易懂地说明这个问题，这里将这个问题进一步简化。实际上，在数学上，可以通过乘以 1 来实现这个目标。因为数学上任何数

乘以 1 都是其本身，一只猫（代表猫的数据）乘以 1 也还是其本身。如果某个节点没有接触过猫，有什么办法可以模拟"节点保持静止"呢？在数学上可以通过乘以 0 来实现，这是因为任何数乘以 0 都是 0，信息从此丢失，一只猫（代表猫的数据）乘以 0 之后猫的信息也就丢失了。

因此，在深度学习网络中，可以为每个节点赋予一个对应的权重，这些权重决定了哪些信息能够通过并传递到下一层。在深度学习网络中，每个节点都有一个与之对应的数字。实际网络中，这些数字并非简单的 0 或 1，而是一些复杂的矩阵数据，这些数据在深度学习中被称为神经网络的权值，用来完成信息的过滤、提取和融合。

权值就类似于第二章介绍的滤波算法中的滤波器，滤波器中的数据可以选择让哪些数据通过，哪些数据不通过。神经网络也就是通过权值的加权计算来选择让某一信息是否传递到下一层。

此时，就轮到 ResNet50 模型的主角——卷积算法登场了。

4.1

卷积

4.1.1 初识卷积

在深度学习中，卷积算法模拟了人眼观察物体的过程。

图 4-2 为深度学习中卷积运算的示意图。示意图最左侧 5×5 的方格为卷积

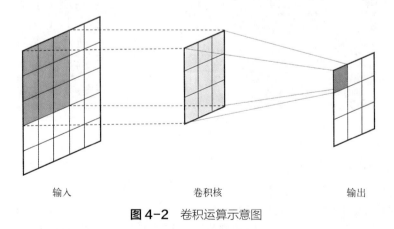

输入　　　　　　　卷积核　　　　　　　输出

图 4-2 卷积运算示意图

要处理的图像（类似于人眼观察到的图像），示意图右侧3×3的方格代表卷积的输出。

在5×5的方格左上角存在3×3的阴影，与之对应的为示意图中间的卷积核。可以把阴影理解为卷积核在输入图像上的投影（类似于人眼聚焦在图像中的区域）。在这个示意图中，卷积算法每次运算时，都观察了3×3的像素区域。

卷积的运算过程便是使用3×3的卷积核，沿着图像的高度和宽度两个方向逐步扫描。每次扫描时，将原始图像与卷积核对应位置的像素逐一相乘，累加后得到输出值，并将其存放在卷积输出的对应位置上。

深度学习中的卷积就是这样的运算过程。

我们可以通过调整卷积核的大小，例如将图4-2中3×3的卷积核扩大到4×4，来控制卷积核在输入图像上的投影范围，以此来控制每次扫描时参与计算的像素的多少，从而获取不同尺度下的图像信息。

在一些车道线检测的神经网络中，如图4-3所示，由于车道线是长实线，在图像中趋近于长方形，因此很多卷积核被设计成1×5或1×7的尺寸，这样可以更好地识别车道线的形状，提取车道线的特征。

图4-3 长方形的车道线

在不同图像处理任务中，会设计不同大小的卷积核，以适应不同的场景需求。然而，万变不离其宗，深度学习中卷积便是模拟了人眼观察物体、扫描像素点并提取特征的过程。通过以上的描述，你应该对卷积算法有了初步的印象。

需要注意的是，深度学习中的卷积运算和信号处理中的卷积运算在数学形式上并不一致。

在信号处理中，卷积的计算需要对卷积核在时间轴上反转180°，然后在输入数据上进行滑窗计算。而在深度学习中并不需要将卷积核反转180°，这是因为卷积核的数值是模型训练得到的，其参数是可学习的。

假设认为深度学习中的卷积核同样需要旋转180°后再进行计算，那么同样可以认为模型学习到的卷积核参数已经是旋转180°之后的参数了。因此，从这个角度来看，深度学习中的卷积核在参与运算时可以忽略180°的反转过程。

4.1.2 特征图

本小节来介绍一下什么是特征图。

上一小节通过一个示例介绍了卷积算法的实现过程：卷积核在输入图像上沿着图像的高度和宽度方向逐步扫描，将图像的输入数据与卷积核中对应位置的数据进行加权求和，得到卷积的输出。这里的输出就是卷积的输出特征图。

因为卷积算法的目的就是提取图像特征，因此卷积的输出也就称为特征图。特征图可以在卷积神经网络的层与层之间传递，对于神经网络中间某一层卷积而言，它的输入是上一层卷积的输出，对这类卷积来说可以认为存在输入特征图和输出特征图。在本书后续的表述中，均将卷积的输入称为输入特征图，卷积的输出称为输出特征图。

特征图描述了图像数据在不同位置的不同特征是否被激活。因为不同的卷积核可以学习并提取图像的不同特征，例如边缘特征或纹理特征。因此，一个包含了多个卷积核的卷积运算，输出一定会包含多个特征图。

特征图在卷积神经网络中非常重要，它包含了原始输入图像的特征。这些特征是神经网络在训练过程中学习并提取到的，可以帮助神经网络理解并区分图像的不同模式。经过层层的卷积运算，特征图可以使神经网络逐渐学到更高层次的抽象表示。

图4-4是Md Hafizur等人通过可视化的方法展示的卷积的输出特征图。图4-4左侧为神经网络模型输入的原始图像，右侧为神经网络中某一层卷积输出特征图的可视化结果。可以看到，此时的卷积提取出了动物的主要轮廓特征，尤其是头部的形状，说明这一层的卷积更加关注头部形状特征。

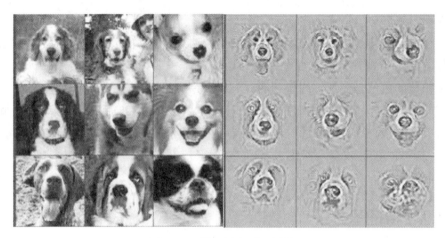

图4-4 卷积特征图可视化

4.1.3 感受野

在卷积算法中，感受野是一个非常重要的概念，它可以帮助我们理解很多与卷积核尺寸设计有关的特性。

在 4.1.1 小节介绍卷积运算时，提到卷积核在输入特征图上存在一个投影，这个投影便可以称为卷积的感受野。感受野可以这么理解：如果把卷积核看作一个窗口的话，那么透过这个窗口可以看到的输入特征图的范围就是感受野。

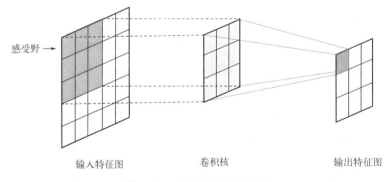

感受野 →

输入特征图   卷积核   输出特征图

图4-5 卷积感受野示意图

如图 4-5 所示，卷积的感受野为投影在输入特征图上的 3×3 的范围，透过它可以看到输出特征图的像素点（图 4-5 中输出特征图左上角的像素点）与输入特征图中的哪些像素点有计算关系。

从另一个角度来看，感受野代表的是一个输出特征点透过卷积核"看到"的输入特征图中的区域范围。注意，此时是从输出特征图的视角来看的。

感受野这一概念很重要，它与很多神经网络结构和特性都有着千丝万缕的关系，可以这么说，感受野的大小甚至可以影响神经网络对于图像的理解和图像特征的提取。

一个大的感受野可以使卷积的每次运算利用到输入特征图上更大范围内的像素，从而可以更好地理解图像的信息，提取尺度更大的特征，如物体的形状和轮廓。而较小的感受野只能捕捉到输入特征图中的局部特征，例如纹理细节。

因此，在许多神经网络中，常常会出现不同大小的卷积核，例如3×3大小的卷积核和5×5大小的卷积核。其目的就是为了提取图像不同尺度范围内的特征，使神经网络既可以学到图像的细节，又可以看到图像的轮廓。

有些读者在阅读关于卷积神经网络的论文或文章时，可能会遇到一种优化神经网络结构的算法：用若干个小卷积核代替一个大的卷积核。例如用两个3×3的卷积核代替一个5×5的卷积核。之所以可以这样做，是因为从输出特征点的角度来看，两个3×3的卷积和一个5×5的卷积具有相同的感受野，如图4-6所示。

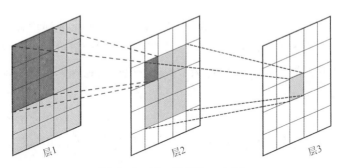

图4-6 卷积核替换示意图

而这样做，又会有很多好处。

第一，两个3×3的卷积核的参数量要比一个5×5的卷积参数量少。为了说明这一点，我们可以忽略通道的计算，两个3×3的卷积核参数量为3×3+3×3=18，而一个5×5的卷积核的参数量则为25。由此可见，参数量减少了，神经网络的计算量也减少了，从而可以加速神经网络的计算，提高神经网络模型的性能。

第二，一个卷积运算变为两个卷积运算，可以加深神经网络的层数，增强神经网络的非线性表达能力。

总的来说，透过卷积核所获的感受野就像是一扇窗户的视野：站在小窗户前，只能看到窗外的一小部分景色，此时是局部感知。但如果站在大窗户前，就能看到更广阔的景色，此时拥有更大的感受野，也就拥有更大范围的感知。

在后面利用 ResNet50 进行实战操作时，读者会看到该神经网络中用到了不同大小的卷积核，提取出了不同尺度下的特征，最终实现了图像识别的目标。

4.1.4 乘累加运算

乘累加运算在深度学习算法中非常常见且重要。如果把卷积运算的步骤分解来看，其核心部分便是通道维度的乘累加运算，或称为向量的内积运算。

不仅卷积算法如此，在深度学习中非常重要的矩阵乘法也有类似的特征。因此，本小节将通过对乘累加运算的算法拆解，帮助读者理解乘累加运算的本质，从而可以更好地理解卷积运算和矩阵乘法运算。

首先，以一个二维矩阵乘法为例。二维矩阵乘法的计算公式如下：

$$[M,K]*[K,N]=[M,N]$$

式中，M、K、N 分别是矩阵乘法左矩阵和右矩阵的维度。这个公式描述了一个 M 行 K 列的矩阵和一个 K 行 N 列的矩阵在 K 维度上的向量乘累加运算。

在卷积运算中，如果固定每次的滑窗，那么卷积运算就可以认为是在通道维度的乘累加运算，然后进行 $K_h \times K_w$ 次。因此，卷积在滑窗的过程中，其中的一次运算可以认为是：

$$[K_h,C_i]*[C_i,K_w]=[K_h,K_w]$$

式中，K_h 和 K_w 分别是卷积核在高度和宽度方向上的尺寸；C_i 是卷积输入特征图的通道数。

需要注意的是，上述公式表达的仅仅是卷积运算中的其中一步，在进行完这一步的通道维度的乘累加运算后，会得到 $[K_h,K_w]$ 的输出，这之后还需要对 $[K_h,K_w]$ 做一次二维累加操作，最终将会得到一个数值，该数值作为本次卷积计算的最终输出。

从上面的分析可以看出，无论是卷积还是矩阵乘法，本质上都是多次的向量乘累加运算。为了更好地理解乘累加运算在算法中的核心本质，接下来将通过一个生活中的例子来通俗地进行说明。

假设你是一个著名的鸡尾酒调酒师，你家里储存了很多调制鸡尾酒的原料，例如金酒、利口酒、柠檬汁和可乐。今天你的家里来了三位客人，他们分别喜欢喝"自由古巴""长岛冰茶"以及"龙舌兰日出"这三款鸡尾酒，希望你能为他们调制出喜欢的口味。

巧的是，这三款鸡尾酒的原料都是金酒、利口酒、柠檬汁和可乐。作为一位出色的调酒师，你很快就能满足客人的要求，将他们喜欢的鸡尾酒给调制出来。

这是因为你知道鸡尾酒调制的配方：

① 自由古巴的配方为：20% 金酒 +45% 利口酒 +10% 柠檬汁 +25% 可乐。

② 长岛冰茶的配方为：60% 金酒 +30% 利口酒 +5% 柠檬汁 +5% 可乐。

③ 龙舌兰日出的配方为：30% 金酒 +10% 利口酒 +30% 柠檬汁 +30% 可乐。

你在调制鸡尾酒的过程中，就是按照上述的配方来进行调制的。

如果把调制鸡尾酒的过程看作是一种运算的话，这里鸡尾酒的原料（如可乐）就是这个运算的输入资源，每一种原料在调制每一种口味的鸡尾酒时的所用到的比例就是赋予该输入资源的权重。

将不同的原料按照不同的比例混合起来进行调制，就得到了不同口味的鸡尾酒。该过程抽象一下可以写成如下的公式：

自由古巴 = 0.2×金酒+0.45×利口酒+0.1×柠檬汁+0.25×可乐

长岛冰茶 = 0.6×金酒+0.3×利口酒+0.05×柠檬汁+0.05×可乐

龙舌兰日出 = 0.3×金酒+0.1×利口酒+0.3×柠檬汁+0.3×可乐

我们知道矩阵乘法的运算逻辑是：左矩阵的第一行乘以右矩阵的第一列，得到第一个输出值，左矩阵的第一行乘以右矩阵的第二列得到第二个输出值，以此类推，直到左矩阵的最后一行乘以右矩阵的最后一列得到最后一个输出值。

该过程便可以抽象成一个矩阵乘法来表示。通过创造一个一行四列的左矩阵来代表原料，创造一个四行三列的右矩阵来代表每种口味的鸡尾酒对应原料的比例，然后按照矩阵乘法的规则进行运算，得到的输出便是一行三列的输出矩阵，代表调制出来的三种鸡尾酒，如图 4-7 所示。

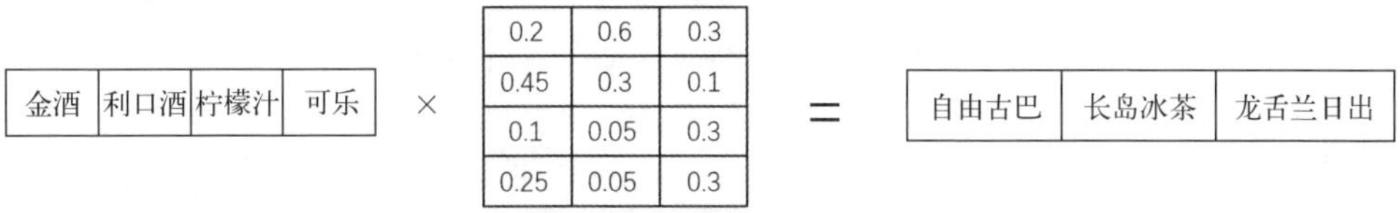

图 4-7 鸡尾酒调制示意图

从上面的例子可以看出，通过原料矩阵和配比矩阵的乘法运算，就完成了输入资源的融合和再创。融合指的是融合了多种原料，再创指的是创造出了新口味的鸡尾酒。

在深度学习算法中，卷积运算中卷积核的数值，或者矩阵乘法运算中一个矩阵中的数值，通常是作为模型的权值参数被训练出来的，这些通过大量数据训练得到的权值，可以很好地匹配多种输入数据，从而对其进行融合和再创。

例如，如果输入的数据是一张特征图，由于特征图中通道中数值代表某些具体或抽象的特征，通过卷积或矩阵乘法通道维度的乘累加运算，便可以实现图像的特征融合，跟调制鸡尾酒的过程是不是很像？

总结一下，无论是卷积运算还是矩阵乘法运算，其中的乘累加运算作为核心逻辑，可以完成对输入数据的融合和再创。当然，这个前提是建立在乘累加运算的一个向量为权值的情况下。在神经网络中，矩阵乘法的输入矩阵中并非一定存在权值矩阵，在很多时候矩阵乘法的两个输入都是其他层的输出，这个时候矩阵乘法运算可能会实现其他的作用。

4.1.5　多维卷积公式

本小节来推导一下卷积运算的公式，这将对后续的代码实战非常有帮助。

一张 RGB 的彩色图像有三个维度，分别是高度、宽度和通道。我们可以用三个字母来表示这些维度，分别是 H（height，代表图像的高度）、W（width，代表图像的宽度），以及 C（channel，代表图像的通道）。

对于一张高度和宽度方向均有 224 个像素的 RGB 图像而言，可以用以下的方式来表示这种图像的"数据形状"：

$$[H, W, C] = [224, 224, 3]$$

这里的 $[H, W, C]$ 是一个三维数组，区别于常见的二维数组（也叫矩阵），三维或更高维的数组，可以称之为张量（tensor）。$[224, 224, 3]$ 便是这张图像所代表的张量的形状（shape）。

接下来，将以此为基础推导卷积运算的基础公式。

对于卷积算法来说，假设输入特征图的形状为 $[H_i, W_i, C_i]$，这里的下标 i 代表输入（input）。设卷积核的形状为 $[C_o, K_h, K_w, C_i]$，其中，C_o 为卷积核的个数，同时也等于卷积输出特征图的通道数（这一点接下来会有详细的解释），下标 o 代表输出（output）。K_h 和 K_w 分别代表卷积核在高度和宽度方向上的大小。

在这里，重点解释一下卷积算法的核心运算步骤：在输入通道维度上做乘累加运算。也就是说，输入数据中每一个通道的数值与卷积核中对应通道的数值相乘，然后累加成一个数值。因此，卷积核的通道数与输入特征图的通道数必须保持一致，两者均为 C_i，否则将无法进行卷积运算，这是卷积算法的一个维度约束。

此外，卷积核的最高维是 C_o，与卷积输出特征图的通道数一致。这一点可以这么理解：卷积核与输入特征图在输入通道维度 C_i 上做乘累加运算，因此无论输入通道 C_i 等于多少，最终都会累加成一个数值，从而使得该维度的输出变成 1，相当于把输入特征图在通道维度进行了压缩。

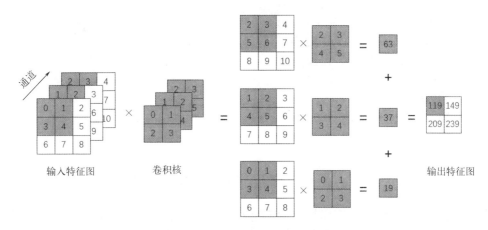

图 4-8 单个卷积核的卷积运算

图 4-8 展示了单个卷积核的卷积运算示意图。图中，输入特征图的形状为 $[H_i, W_i, C_i] = [3,3,3]$，也就是高度和宽度方向均为 3 个像素，同时存在 3 个通道。卷积核的形状为 $[K_h, K_w, C_i] = [2,2,3]$，也就是卷积核在高度和宽度方向均为 2 个像素，但由于卷积核的通道数要和输入特征图的通道数一致，因此卷积核的通道数也为 3。在卷积运算时，每个通道内输入特征图与卷积核对应位置相乘，然后进行累加。

以图 4-8 中灰色阴影的计算为例，输出特征图左上角的阴影像素值是由输入特征图的阴影像素值以及卷积核进行乘累加运算得到的：

$$(0\times0+1\times1+3\times2+4\times3)+(1\times1+2\times2+4\times3+5\times4)$$
$$+(2\times2+3\times3+5\times4+6\times5)=119$$

因此，图 4-8 的示例中，输出特征图的通道数为 1，这是因为只有一个卷积核参与运算。

一个卷积核参与的卷积计算可以得到一个输出通道为 1 的特征图，那么 N 个卷积核的参与的计算就可以得到 N 个输出通道为 1 特征图。此时，每个输出特征图的输出通道均为 1，形状可以表示为 $[N,H_o,W_o,1]$，将 N 个输出通道为 1 的特征图堆叠在一起，其实就等价于一个输出通道为 N 的特征图，见图 4-9。

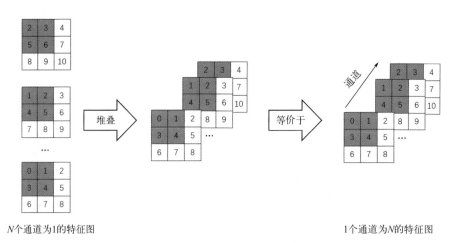

N个通道为1的特征图   1个通道为N的特征图

图 4-9 特征图堆叠等价示意图

由于习惯于将特征图的输出通道用 C_o 来表示，因此，将卷积核的个数 N 同样用 C_o 替代，也就是需要 C_o 个卷积核参与卷积运算得到 C_o 个输出通道数为 1 的特征图，同时等价于得到了一个通道数为 C_o 的输出特征图。由此可以得出卷积算法的另一个约束：卷积核的个数等于输出特征图的通道数。

因此，对于卷积核的形状描述可以写成 $[C_o,K_h,K_w,C_i]$。由此，多个卷积核参与卷积计算的多维卷积运算公式就清晰了：

$$[1,H_i,W_i,C_i]*[C_o,K_h,K_w,C_i]=[1,H_o,W_o,C_o]$$

式中，$*$ 代表卷积运算；$[1,H_o,W_o,C_o]$ 代表输出特征图的形状。

在实际应用中，如果使用神经网络进行训练，为了最大化提升神经网络训练的性能，往往会一次输入多张图像到神经网络，这些图像被称为一个批次（batch），一个批次中包含的图像数量被称为批次大小（batch size）。批次大小是神经网络中的重要概念，尤其在训练神经网络模型时。

批次大小越大，说明模型一次可以处理的图像数量越多，系统的吞吐能力就越强。在上述的公式中，输入特征图的形状被描述为 $[1, H_i, W_i, C_i]$，此时代表批次大小等于 1，也就是神经网络仅处理一张图像，批次大小等于 1 常见于推理场景。

如果批次大小大于 1，比如在训练时一次输入给神经网络模型 32 张图像进行训练，那么此时输入的图像形状可以描述为 $[N, H_i, W_i, C_i]$，其中 $N=32$。

以上描述的是多维卷积运算的基础公式，该公式考虑了多个卷积核参与计算的场景，但没有考虑其他卷积参数，包括填充和步长。事实上，这些卷积参数并不影响以上基础公式，它们影响的仅仅是卷积输出特征图在高度（H_o）和宽度（W_o）两个维度的尺寸计算，这一部分会在 4.1.9 小节详细描述。在此之前，会逐个介绍卷积常见参数的概念和作用，它们分别是填充（Padding）、步长（Stride），以及膨胀率（Dilation）。

4.1.6　填充

在卷积运算中，填充是一个重要的概念，它对于保留输入特征图信息和有效处理图像边缘信息至关重要。

填充指的是在输入特征图的周围添加额外的像素值，用来扩大图像的尺寸，见图 4-10。通常情况下，这些额外填充的像素值可以设置为零，卷积运算是在填充像素值之后的图像上进行的。

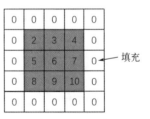

图 4-10　原始特征图（阴影）和填充（白色）

在图 4-10 中，中间阴影部分为原始的特征图，周围一圈白色的像素为填充的像素。在很多卷积算法中，对于特征图填充的像素并非只有一圈，可能会填充两圈或更多圈。此外，特征图的上下左右四个方向的填充不一定相同（见图 4-11），可能只在左侧和上方进行填充，也可能在左侧填充一列，而在右侧填充两列，这取决于模型中卷积算法的实际需要。

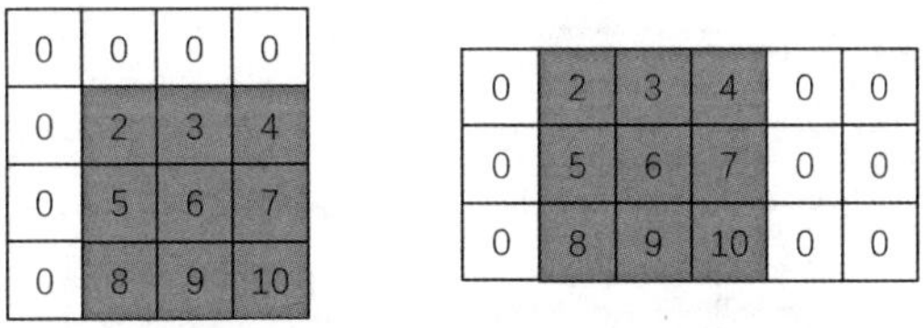

图 4-11　两种不同的填充方式

为什么在卷积运算中，需要给输入特征图进行填充操作呢？这主要基于以下的考虑：

① 防止图像边缘信息的损失　卷积核通常是小于输入特征图尺寸的窗口，在进行卷积运算时，卷积核需要在输入特征图上沿着高度和宽度两个方向进行滑动。如果不进行填充，每次卷积计算后，输出特征图在高度和宽度方向的尺寸都会变小。这样经过多层卷积的连续运算，最终可能导致图像的边缘信息丢失。如果图像的边缘包含了重要特征，那么这些特征也可能丢失。而在图像周围进行的填充操作，则有助于保留图像的边缘信息，防止信息因为输出特征图逐渐减小而丢失。

② 确保输出尺寸与输入尺寸相同　如果卷积输出特征图尺寸需要和输入保持一致，则通常使用等大卷积（same convolution）。实现等大卷积必须要在输入特征图周围填充一定数量的空白像素，来弥补因为卷积运算导致的输出特征图变小的问题。

③ 处理小物体　如果输入特征图尺寸较小、图像中的物体尺寸较小或物体的主要特征较小时，对输入特征图进行一定的填充，可以确保在多个卷积层之间保留足够的信息，让卷积算法更好地捕捉这些细小的细节特征，防止丢失。

④ 提升网络灵活性　在设计卷积神经网络时，通过对一些卷积层添加额外的可调整的填充参数，可以非常灵活地控制网络架构，以此来适应不同任务的输入。

总结一下，填充参数是卷积算法中一个简单且重要的参数。它有助于保留输入特征图的边缘信息，使得这些信息不因卷积运算而丢失掉，同时它还可以使神经网络变得更加灵活。

4.1.7　步长

在卷积运算中，除了填充之外，还有一个重要的参数叫作步长，它对卷积运算的结果以及输出特征图的尺寸有很大影响。

步长指的是卷积核在输入特征图上滑动时每次跳过的像素数量，注意这里指的是卷积核整体跳过的像素数量。步长参数决定了卷积核在输入特征图上滑动的速度。如果步长被设为 1，那么卷积核每次滑动时就跳过一个像素；如果步长被设为 2，那么卷积核每次滑动时就跳过两个像素。

图 4-12 为卷积核在输入特征图上进行滑动的示意图，图中忽略通道维度，阴影部分代表卷积核，尺寸为 3×3。阴影下方 5×5 的白色图像为输入特征图。图 4-12 最上方的三幅图展示了卷积核沿着输入特征图在宽度方向由左向右进行滑动。当卷积核滑动到最右侧时，卷积核会沿着高度方向由上向下进行滑动，如图 4-12 所示的最左侧一列。在上面的示例中，卷积核每次滑动时，无论是沿着高度方向还是宽度方向，步长均为 1。

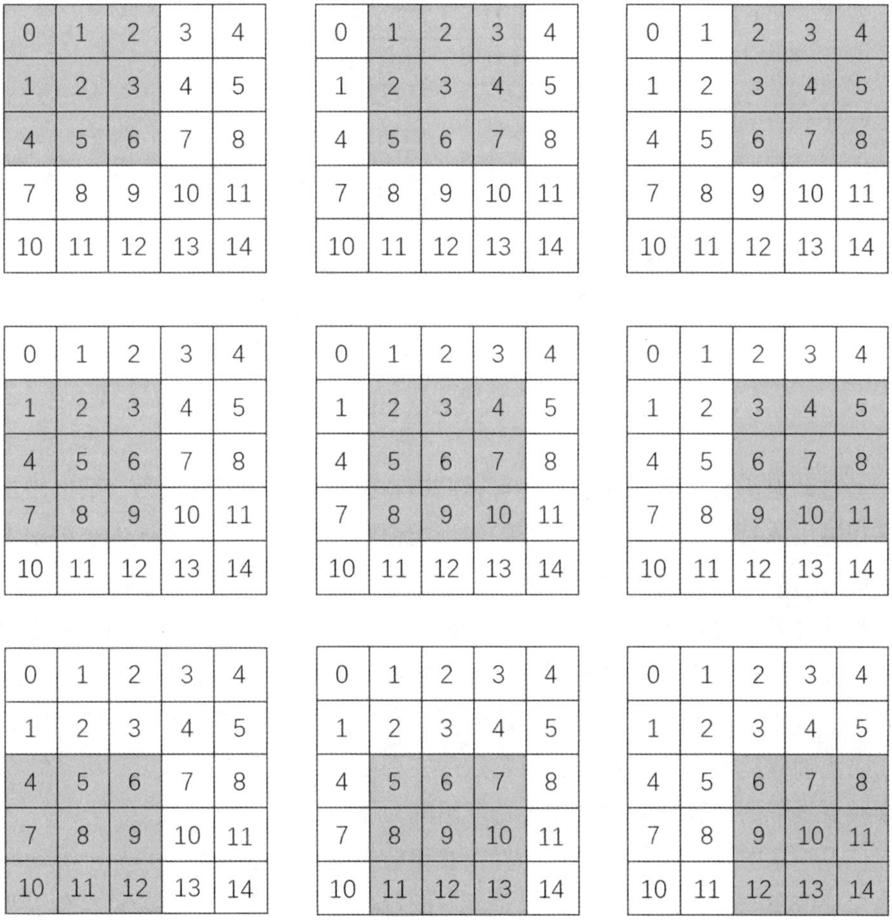

图 4-12 卷积核在输入特征图上滑动

步长参数的一个作用是减少计算量，尤其是当步长大于 1 时。如图 4-13 所示，增大步长可以减少卷积核在输入特征图上覆盖的像素数量，从而降低卷积整体的计算量。这在处理大型数据集或复杂神经网络模型时非常重要：减少计算量，可以显著节省计算资源，缩短模型训练或推理时间。

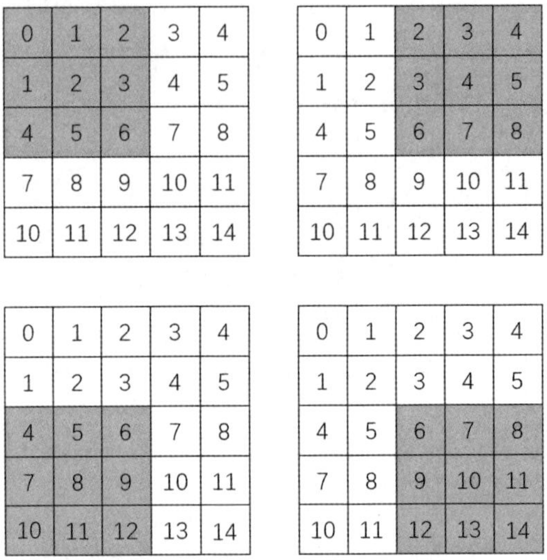

图4-13 步长为2的卷积核滑动示意图

通过调整步长参数的大小，还可以控制卷积输出特征图的大小。增大步长会使卷积输出的特征图变小。和填充的作用类似，控制输出特征图的大小有助于设计灵活的网络结构并优化模型性能。

除此之外，配置较大的步长还可以在一定程度上防止过拟合。很多网络的结构由于被设计得过于复杂，在训练过程中很容易出现过拟合现象，通过增大步长的方式，可以使得模型的计算复杂度降低，在一定程度上降低过拟合的风险。然而，防止训练过拟合并非设置步长参数的主要目的，步长参数的设置更多的是被用来减少卷积的计算量和控制输出特征图的大小。

值得注意的是，步长和填充一样，卷积核在高度和宽度两个方向上滑动时跳过的像素值不一定相同，我们可以灵活地配置卷积和在高度方向步长参数以及宽度方向的步长参数。

总结一下，步长作为卷积算法中一个很常见的参数，能够有效减少卷积的计算量，控制卷积输出特征图的大小，从而可以使模型的设计更具灵活性。

4.1.8　膨胀率

在卷积算法中，尽管膨胀参数不如填充和步长那样常见，但它同样重要。

膨胀指的在卷积核的元素之间放置空白元素，从而使得卷积核的尺寸膨胀。接下来，我们通过一些图示的分析，来解释这个参数的作用。

在上一小节的图 4-12 或图 4-13 中，是看不出膨胀这个参数的存在的（实际上此时膨胀参数等于 1）。如果我们换一张图（图 4-14）来观察，就会发现卷积核投影到输入特征图上的方式变了。

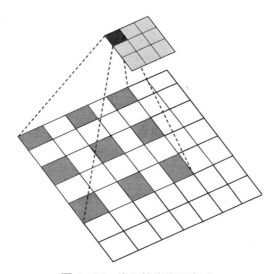

图 4-14　卷积核膨胀示意图

在图 4-14 中，最下方的白色 7×7 区域为卷积处理的输入特征图。输入特征图中的 9 个灰色阴影表示一个 3×3 卷积核在经过膨胀处理之后，在输入特征图上的投影。图中上方紧密排列的 3×3 正方形是输出特征图。在图示时刻，卷积正在计算输出特征图左上角的像素点。可以观察到，参与该像素点计算的输入像素点不再是输入特征图左上角紧密排列的 3×3 像素范围，而是由于卷积核的膨胀导致每隔一个像素点才有效。此图中，卷积核膨胀参数等于 2。

膨胀参数的设计初衷在于增大感受野，而非直接增大卷积核的尺寸。当卷积算法的参数设置中膨胀参数大于 1 时，此种卷积被称为空洞卷积。膨胀参数，或称为空洞率（dilation rate），指的是卷积核元素之间的间隔。这种结构的设计，就像是在卷积核上安装了一副放大镜，让卷积核的感受野变得更大，从而可以覆盖输入特征图上更广阔的区域。有关感受野更详细的描述，可以参阅 4.1.3 小节。

使用膨胀参数配置卷积核有很多优点，主要包括：

（1）扩大卷积核视野的同时无须增加卷积核尺寸

传统上，要扩大卷积核的感受野通常需要增大其尺寸，例如一个 3×3 的卷积核扩展为 5×5 或 7×7 的卷积核。但这么做会带来副作用，那就是卷积的参数量会变多，从而提高了卷积计算量并可能降低模型的计算性能。空洞卷积通过在卷积核元素间引入间隔，使得在不增加参数量的前提下增大了感受野，这对深度神经网络非常有利。

（2）适应大尺寸输入

面对尺寸较大的输入特征图，传统卷积核可能无法有效捕捉全部信息。空洞卷积通过其扩大的感受野，能够更有效地处理这类大尺寸输入数据。

（3）捕捉远距离像素间的关系

在某些应用场景中，了解输入特征图上像素间的远距离关系至关重要，而传统卷积核通常不能做到这一点。通过设定合适的膨胀率，空洞卷积能够覆盖更远的像素间关系。

总结一下，膨胀参数虽然在卷积算法中不常见，却非常有用。它在增大卷积核感受野的同时可以保持卷积核参数量不变，同时可以更有效地捕捉大尺寸输入特征图的细节或长距离间的像素关系。

4.1.9　输出尺寸公式

在前几小节中，我们已经学习了关于卷积运算的基础知识，特别是三个关键参数：填充（Padding）、步长（Stride）和膨胀（Dilation）。这些内容构成了经典卷积运算的核心基础。

在此基础上，本小节将根据卷积运算的逻辑，以及输入特征图尺寸和相关卷积参数，来详细推导输出特征图在高度和宽度方向的尺寸。本小节的公式推导和 4.1.5 小节的公式推导不同，本小节侧重于输出特征图在高度和宽度方向的尺寸计算。

按照 4.1.5 小节的基础公式来看，可以将一个卷积运算中输入、输出尺寸进行如下表示：

① 输入特征图尺寸表示为：$[N, H_i, W_i, C_i]$。

② 卷积核尺寸表示为：$[C_o, K_h, K_w, C_i]$。

③ 输出特征图尺寸表示为：$[N, H_o, W_o, C_o]$。

上述各变量的详细描述可参阅 4.1.5 小节。除此之外，卷积运算涉及三个参数：填充、步长，以及膨胀。这三个参数与两个输入（输入特征图和卷积核）以及一个输出（输出特征图）共同定义了一个完整的卷积运算过程。

如 4.1.6 小节至 4.1.8 小节所述，填充、步长和膨胀是计算输入特征图与输出特征图在高度和宽度方向上尺寸变化的关键参数。由于在卷积运算中，高度和宽度的处理是独立且对称的，因此，本小节主要讨论宽度方向上的尺寸变化并对其进行公式推导，高度方向可按照宽度方向的公式进行类推。

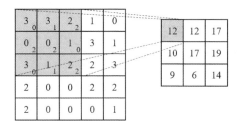

图 4-15 卷积运算示意图

如图 4-15，首先考虑没有 Padding、Stride 和 Dilation 参数的情况下，输出特征图宽度 W_o 和输入特征图宽度 W_i 之间的关系。此时，两者之间的关系可以表示为

$$W_o = W_i - K_w + 1$$

式中，W_o 代表输出特征图的宽度；W_i 代表输入特征图的宽度；K_w 代表卷积核在宽度方向的尺寸。

如果引入 Padding 参数后，则相当于输入特征图在宽度方向变大了，卷积核在填充后的特征图进行运算，此时，输入特征图新的宽度 $W_{i_{new}}$ 可以表示为

$$W_{i_{new}} = W_i + P_l + P_r$$

式中，P_l（Padding Left）和 P_r（Padding Right）分别为输入特征图宽度方向左侧和右侧填充的数量，这两者是可以不一致的（如图 4-16 所示）。因此，加入填充参数之后，则可得输出特征图和输入特征图在宽度方向的关系为

$$W_o = W_{i_{new}} - K_w + 1 = (W_i + P_l + P_r) - K_w + 1$$

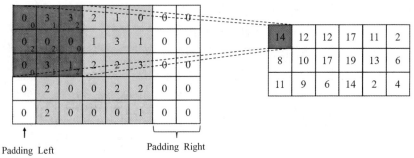

图 4-16 添加了 Padding 的卷积计算示意图

进一步考虑 Stride 参数。步长 Stride 代表卷积核在输入特征图上滑动时跳过的原始像素的个数。因此，加入 Stride 参数后，上述公式需要调整为

$$W_o = \frac{W_i + P_l + P_r - K_w}{S_w} + 1$$

式中，S_w 代表卷积核在输入特征图宽度方向滑动的步长。这里之所以除以 S_w，是因为卷积在每次滑动计算时，都会跳过 S_w 个元素进行计算得到一个输出元素。

最后，再继续考虑加上 Dilation 参数的情况。Dilation 参数的作用相当于把卷积核进行了膨胀。因此，膨胀后的卷积核在宽度方向的尺寸 $K_{w_{new}}$ 可以表示为

$$K_{w_{new}} = K_w + (K_w - 1) * (D_w - 1)$$

式中，D_w 表示卷积核在宽度方向的膨胀系数，当 D_w 等于 1 时，卷积核没有膨胀，此时 $K_{w_{new}}$ 等于 K_w。因此，当加入 Dilation 参数之后，卷积输出特征图和输入特征图在宽度方向的计算公式表示为

$$W_o = \frac{W_i + P_l + P_r - [K_w + (K_w - 1) * (D_w - 1)]}{S_w} + 1$$

对应地，可以得到在高度方向的计算公式为

$$H_o = \frac{H_i + P_t + P_b - [K_h + (K_h - 1) * (D_h - 1)]}{S_h} + 1$$

式中，H_o 表示输出特征图在高度方向的尺寸；P_t（Padding Top）和 P_b（Padding Bottom）分别表示在高度方向的上方和底部填充的元素个数；K_h 表示卷积核在高度方向的尺寸；D_h 表示卷积核在高度方向的膨胀系数；S_h 表示卷积核在高度方向滑动的步长。

通过以上推导，就得到了卷积输出特征图在高度方向和宽度方向的尺寸计

算公式了。公式看起来较为复杂，但是在本书基于 ResNet50 进行实战的过程中，用到的卷积均没有配置 Dilation 参数（Dilation 等于 1）。因此，在后续实战中，用到的卷积计算公式为

$$H_o = \frac{H_i + P_t + P_b - K_h}{S_h} + 1$$

$$W_o = \frac{W_i + P_l + P_r - K_w}{S_w} + 1$$

后续实战部分，对卷积算法进行编码时，也会依据上述公式进行代码编写，建议读者熟练掌握上述两个公式。

4.1.10 手写卷积

在本书的 4.1.1 小节至 4.1.9 小节中，我们对卷积这一算法的基本概念进行了详细的描述，并对卷积计算的相关公式进行了系统的推导。在掌握了这些基础知识后，本小节将通过实战练习，利用 Python 语言来实现卷积的计算。

在进行代码实现之前，首先介绍一下算法实现的相关背景信息，或许可以帮助读者对 AI 算法实现有一个更系统的认识。事实上，在许多与 AI 算法相关的公司中，都存在一类工作岗位，通常被称为"算子开发"或"算子优化"，这些岗位的主要任务便是针对特定的硬件平台开发并优化算子。

这里所说的"算子"（operator），在神经网络中指的是各种算法节点，例如卷积神经网络中的卷积节点即为卷积算子。无论是算子的开发还是优化，都需针对特定的硬件平台进行，如果使用 GPU 作为计算平台，那么开发者需要使用 GPU 支持的指令集来实现卷积的计算逻辑。而如果使用其他专用的 AI 加速硬件平台，开发者也需要使用这些专用平台支持的特定指令集。不同的硬件平台支持的指令集也各不相同，例如 ARM 系列芯片和 Intel 系列芯片支持的指令集就有所区别。

本书中所有的算法（算子）实现及性能调优都是基于 Intel 的 CPU 硬件平台进行的，选择 Intel 的 CPU 作为硬件实现平台主要考虑了以下几个因素：

① 使用方便 绝大多数的电脑或者服务器，无论是台式机还是笔记本，都配备了 Intel 的 CPU，这使得大多数读者可以很方便地接触到这一平台。

② 编程简单 相比于 GPU 或其他硬件平台，CPU 的编程难度低。开发者可以直接使用常见的开发语言和指令进行代码编写，且多数编译器及操作系统对 Intel CPU 的支持是非常完善和稳定的。

③ 性能兼顾 Intel 的 CPU 不仅可以提供基础的标量运算指令，还可以提供向量运算指令。向量运算指令非常有助于神经网络算法的性能优化。

基于以上原因，本书后续无论是使用 Python 编程，还是使用 C++ 编程，都是基于 Intel 的 CPU 来进行的。但无论使用哪种硬件平台，用哪种指令集完成的算法编写，算子实现的思路是类似的。首先都需要了解算法的运算逻辑，这也是本书一直在解析算法原理的初衷。在深度理解了算法的实现原理后，便可以基于某一平台（如 GPU 或者 CPU）去进行代码实现了，区别在于是利用 GPU 的编程方式去实现还是利用 CPU 的编程方式去实现。

在了解了算子实现相关的背景信息后，让我们通过以下 Python 代码来实现一个基础的卷积运算，其中关键步骤增加了注释，以便理解：

```python
def Conv2d(img, weight, hi, wi, ci, co, kernel, stride, pad):
    # 计算输出特征图在高度和宽度方向的尺寸，见4.1.9小节
    ho =(hi+2*pad-kernel)//stride+1
    wo=(wi+2*pad-kernel)//stride+1
    # 将卷积核的形状转换为 [co, kh, kw, ci]
    weight=np.array(weight).reshape(co, kernel, kernel, ci)
    img_out = np.zeros((ho,wo,co))
    # 首先对卷积核个数进行循环
    for co_ in range(co):
      # 对输入特征图沿着高度方向扫描进行循环
      for ho_ in range(ho):
        # 根据卷积公式，计算高度方向输入和输出的对应关系
        in_h_origin = ho_ * stride -pad
        #对输入特征图沿着宽度方向扫描进行循环
        for wo_ in range(wo):
          in_w_origin = wo_ * stride -pad
          #以下对变量做特殊处理
          #防止计算出来的卷积核扫描的起点和终点超越特征图边界
          filter_h_start=max(0,-in_h_origin)
          filter_w_start=max(0,-in_w_origin)
          filter_h_end=min(kernel,hi-in_h_origin)
          filter_w_end=min(kernel,wi-in_w_origin)
          acc=float(0) # 初始化输出点为0
          # 沿着卷积核高度方向进行循环遍历
          for kh_ in range(filter_h_start, filter_h_end):
```

```
      hi_index = in_h_origin +kh_
      # 沿着卷积核宽度方向进行循环遍历
      for kw_ in range(filter_w_start, filter_w_end):
        wi_index = in_w_origin +kw_
        # 输入特征图通道维度乘累加操作的循环
        for ci_ in range(ci):
          in_data = img[hi_index][wi_index][ci_]
          weight_data = weight[co_][kh_][kw_][ci_]
          acc = acc +in_data * weight_data # 乘累加
      #将计算结果存储到输出特征图的对应位置
      img_out[ho_][wo_][co_]=acc
  return img_out
```

上述代码的实现中，假定卷积的参数 Padding、Stride 以及卷积核尺寸在高度和宽度方向上是一致的。在实际情况中，这些参数可能会不一致，若不一致，则需要在计算时使用对应方向的参数。以上代码并没有考虑 Dilation 参数。

上述代码展示了卷积运算的核心实现，可以较好地揭示卷积算法的基本步骤和理论原理。对于初学者而言，这段代码初看起来可能会较为陌生，但考虑到卷积运算在计算机视觉和深度学习中的重要程度，笔者强烈建议初学者对上述代码进行反复练习，做到融会贯通。

在很多涉及卷积算法的考核或者面试中，对算法原理的理解常常是一个考核点，而能够手写并解释这段代码也常常成为考核的关键。此外，基于这段代码进行的卷积运算的性能优化则属于另外一个重点内容，这部分将在第六章进行更详细的讨论分析。

本小节的完整代码可以在本书配套的代码 practice/python/ops/ 目录下获取。

4.1.11　卷积总结

在本节的前 10 小节中，我们详细介绍了卷积这一算法。这种详尽的探讨是必要的，因为在卷积神经网络中，卷积是核心算法。此外，卷积的逻辑还可以衍生出许多类似的算法，例如矩阵乘法算法和全连接算法。

本小节基于之前的讨论，对卷积算法进行总结。首先，卷积运算涉及一个输出和两个输入：输出是输出特征图，输入包括输入特征图和卷积核。在某些应用中，还可能引入额外的输入——偏置项（bias），通常将其加到卷积的输出特征图上作为最终输出。由于偏置项的计算相对简单，本书在后续章节将不再讨论偏置项。

卷积运算还涉及三个基础参数，分别为：

① 填充（Padding）　用于在输入特征图周围填充像素值，通常填充为 0。

② 步长（Stride）　表示卷积核在输入特征图上沿高度和宽度方向滑动时的步长。

③ 膨胀率（Dilation）　卷积核在高度和宽度方向的膨胀率。

卷积核映射到输入特征图上的区域被称为卷积的"感受野"。不同大小的感受野会使得卷积学习到不同的图像特征。具体来说，较大的感受野通常会使卷积学到更加宏观的特征，如轮廓和整体布局，而较小的感受野则会使卷积更倾向于捕捉更具体或更细节的特征。

通过适当设置 Dilation 参数，可以在不增加卷积计算量的前提下增大卷积的感受野范围，使得小卷积核也可以应用于需要大范围感知的场景，这种类型的卷积被称为"空洞卷积"。

卷积运算本质上是对感受野内的像素（包括输入通道维度）进行乘累加操作，完成对该区域内图像特征的提取。在神经网络中，通过串联多个卷积层，并在各卷积层之间嵌入适当的激活函数引入非线性因素，可以有效地整合从不同层提取的图像特征。最终，这些特征通过全连接层进行线性映射，便可以将图像的特征表示映射至样本空间，例如判断图像是猫还是狗。

关于激活函数的内容请参阅 4.4 节，关于全连接层的内容请参阅 4.6 节。

4.2
池化

4.2.1　什么是池化

池化运算也是卷积神经网络中常见的一种运算，其输入和输出与卷积相似，即输入为图像或特征图，输出为经过池化处理的特征图。池化运算相对简单，其基本思想是从一定范围的像素中选取具有代表性的像素，作为该范围的代表输出。

常见的池化类型包括最大池化和平均池化。最大池化选取像素块中的最大值作为输出，而平均池化则计算像素块中的所有像素的平均值作为输出。

池化运算的过程与卷积类似：池化核在输入特征图上沿高度和宽度方向进行扫描，并根据是执行最大池化还是平均池化，从像素池中计算出最大值或平均值作为本次的输出。

图 4-17 展示了最大池化的过程，图中，输入为 5×5 的特征图，使用 3×3 的池化核定义了池化操作的像素范围。可以看到每次滑窗时都是选取了像素池中的最大值作为对应位置的输出，平均池化则计算像素池中所有像素的平均值作为对应位置的输出即可，其余操作和最大池化一致。

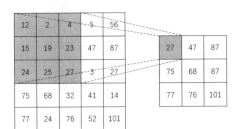

图 4-17 最大池化

池化操作通常涉及 Padding 和 Stride 参数，其用法和作用与卷积类似，具体细节请参考 4.1.6 小节和 4.1.7 小节。与卷积不同的是，池化操作通常不涉及 Dilation 参数，因为池化并不需要扩展感受野。

值得注意的是，池化核与卷积核之间也存在显著区别：池化核中不存在数据，池化核仅用于定义池化操作的范围，不参与模型的学习过程；相反，卷积核中包含可学习的数据，这些参数在训练过程中需要被更新。

因此，池化的主要功能是降维，即通过减少输入特征图的尺寸来减少模型的计算量。由于池化操作不涉及乘累加过程，各输入通道维度在池化操作中保持独立，输入和输出特征图的通道维度不变。但其在高度和宽度方向尺寸的计算公式与卷积相同，两者遵循相同的数学表达关系（见 4.1.9 小节）。

具体而言，对于一个池化运算，假设输入特征图的形状为 $[N, H_i, W_i, C]$，卷积核尺寸为 $[K_h, K_w]$，在输入特征图周围填充的参数为 $[P_t, P_r, P_b, P_l]$，Stride 参数为 $[S_h, S_w]$，输出特征图的形状为 $[N, H_o, W_o, C]$，那么 H_o 和 H_i 的关系以及 W_o 和 W_i 的关系可以表示为

$$H_o = \frac{H_i + P_t + P_b - K_h}{S_h} + 1$$

$$W_o = \frac{W_i + P_l + P_r - K_w}{S_w} + 1$$

同时，输入特征图的个数和输出特征图的个数保持一致，均为 N，输入特征图的通道数和输出特征图的通道数保持一致，均为 C。

4.2.2　池化的作用

在深度学习中，池化操作相较于卷积来说较为简单，因为它省略了特征图在通道维度上的乘累加过程。池化操作独立应用于特征图的每个通道，不涉及通道间的交互。通过池化操作，可以实现对特征图的有效下采样，突出重要的空间特征。

那么，如何理解上述的特征下采样？以最大池化为例，来详细说明其机制。

最大池化通过选取池化核覆盖范围内的最大像素值作为该区域的代表，从而捕捉到特征图中的显著特征。在特征图中，像素值最大的地方通常对应图像的突变区域，如轮廓和边缘。因此，最大池化不仅能有效提取轮廓或边缘信息，而且通过减少特征图的空间尺寸，还能强化特征图中最关键的边缘信息，实现特征的有效提取。

除此之外，池化操作具有特征不变性，即对输入特征图中的小变化（如平移、旋转或缩放）表现出的一种不敏感性。这种特征不变性使得神经网络模型能够在视觉任务中更好地处理各种几何变化，从而提高模型对有差异的数据的适应能力。

例如，即使输入特征图进行了轻微旋转，最大池化仍然能在目标区域中识别出最大值（如图 4-18 所示）。这种容忍度也适用于图像的轻微平移和缩放变换。

需要注意的是，池化的这种容忍度仅限于轻微的变化。如果图像的旋转角度过大或平移距离过远，池化输出的结果会有显著差异，这时其特征不变性的效果会减弱。

因此，对于池化操作而言，一般认为它具有以下的作用：

① 降维　输入特征图在经过池化后会降低维度（特征图在高度和宽度方向尺寸减小），从而减少模型计算量，降低模型的计算复杂度。

② 特征提取　通过选择池化核范围内最显著的特征作为输出，来保留关键信息。

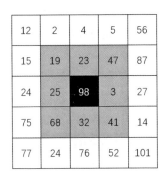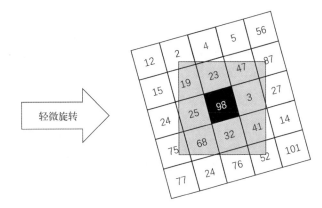

图 4-18 特征不变性

③ 特征不变性　池化操作可以容忍输入特征图存在轻微的旋转或者平移，而不显著改变池化的输出，这一特性提高了模型对于数据变化处理的鲁棒性。

池化算法在卷积神经网络非常常见，通常和卷积结合使用。在图像分类网络如 ResNet50 中，便存在一层最大池化和一层平均池化，这将在后续章节中详细介绍。

4.2.3　全局平均池化

上一小节以最大池化为例说明了池化的运算过程以及池化的作用。本小节将介绍平均池化，以及一个应用较为广泛的平均池化算法——全局平均池化。

先看下什么是平均池化。顾名思义，平均池化就是在池化核选定的像素池范围内，对所有像素计算其平均值作为池化的输出。在一些神经网络框架或算法描述中，平均池化可以分为两种：一种叫作自适应平均池化（adaptive average pool）；另一种叫作全局平均池化（global average pool）。

这两者的区别在于：自适应平均池化允许指定输出特征图的尺寸，而不是指定池化核的大小。因此，在这种池化算法下，池化核的大小是根据输入特征图的尺寸以及输出特征图的尺寸动态计算而来的。

而全局平均池化则更为简单，它输出的特征图在高度和宽度方向固定为 1×1，因此，对于这种池化算法，池化核的大小与输入特征图的尺寸一致。如图 4-19 所示，全局平均池化的池化核和输入特征图尺寸的都是 5×5，池化的输出特征图尺寸为 1×1。

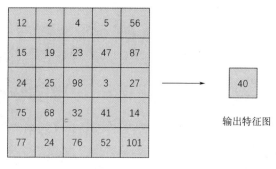

输入特征图

输出特征图

图4-19 全局平均池化

全局平均池化通常作为神经网络模型的最后一个池化步骤，直接连接到输出层中，可以简化网络结构，有助于提取全局特征。

关于全局平均池化的作用，可以作如下通俗理解：通过在整个特征图上进行池化，并且各通道维度独立计算，最终得到的是各通道中所有元素的平均值，该值可以看作是通道的"特征代表"。

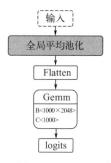

图4-20 ResNet50中的全局平均池化位置

在ResNet50模型结构中，存在一个全局平均池化层，如图4-20所示，该层输出的特征图形状为$1 \times 1 \times 2048$。这个操作实质上对每个通道的特征进行了全局平均，从而生成了2048个独立的特征值，每个特征值反映了输入图像在对应通道的全局信息。

这些特征值可以被解释为针对不同类别的预测特征代表，例如第一个通道的输出值可能代表图像属于"猫"类别的程度，第二个通道的输出值可能代表图像属于"狗"类别的程度，以此类推，直到第2048个通道。因此，每个通道输出的数值可以视为原始输入图像属于特定类别的特征强度。需要说明的是，这种解释并不严谨，但是不妨碍读者对于全局平均池化的作用有一个感性认识。

模型最终预测的结果是基于这2048个特征值进行的，经过进一步的处理，例如将全局平均池化的输出连接到全连接层，然后进行线性变换或通过SoftMax进行概率分布的计算，这些特征便被进一步转换为对应每个类别的预测概率。SoftMax分类器输出的最高概率对应的类别，即为模型对图像分类的最终预测结果。

关于全连接和 SoftMax 算法可以参阅 4.6 节和 4.7 节。

4.2.4　手写池化算法

池化算法相比于卷积而言逻辑简单，因此实现起来也更加简单。

如前文所述，池化算法不考虑 Dilation 参数，且 Padding 和 Stride 参数的作用与卷积类似。因此，在高度和宽度方向上，池化输出特征图的计算公式可以复用卷积的计算公式。

下面是使用 Python 语言实现的最大池化算法，其中的关键步骤增加了注释，以便理解。

```python
def MaxPool(img,hi,wi,ci,kernel,stride,pad):
    # 根据公式计算输出尺寸
    ho = (hi +2 * pad -kernel) // stride +1
    wo = (wi +2 * pad -kernel) // stride +1
    # 先将输出全部初始化为零
    img_out = np.zeros((ho, wo, channel))
    # 各通道独立计算
    for c_ in range(channel):
      # 高度方向扫描
      for ho_ in range(ho):
      # 依据输出点反推输入起始点
      in_h_origin = ho_ * stride - pad
      # 宽度方向扫描
      for wo_ in range(wo):
        in_w_origin=wo_*stride-pad
        filter_h_start=max(0,-in_h_origin)
        filter_w_start=max(0,-in_w_origin)
        filter_h_end=min(kernel,hi-in_h_origin)
        filter_w_end=min(kernel,wi-in_w_origin)
        max_x=float(0)#初始化最大值为0
        #池化核在高度方向的循环
        for kh_ inrange(filter_h_start,filter_h_end):
            #计算池化核在高度方向每次循环的坐标
            hi_index=in_h_origin+kh_
            #池化核在宽度方向的循环
            for kw_ inrange(filter_w_start,filter_w_end):
```

```
            #计算池化核在宽度方向每次循环的坐标
            wi_index=in_w_origin+kw_
            in_data=img[hi_index][wi_index][c_]
            #取[kh,kw]范围内的最大值
            max_x=max(in_data,max_x)
        img_out[ho_][wo_][c_]=max_x
    #将最大值输出
    return img_out
```

上述代码假定了池化运算的 Padding、Stride 参数以及池化核大小在高度和宽度方向上是一致的，在实际情况中，这些参数可能会不一致。若不一致，则需要在计算时使用对应方向的参数。

4.3
Batch　Normalization

在卷积神经网络中有一个关键的算法，叫作 Batch Normalization，简称 BN。由于翻译的原因，某些文献中将其翻译为"批归一化"，而另一些则称之为"批标准化"。

BN 算法在神经网络的训练过程中应用非常广泛，它可以提高神经网络的训练速度和网络稳定性。批归一化由 Sergey Ioffe 和 Christian Szegedy 在 2015 年提出，主要用于解决深度神经网络在训练过程中遇到的内部协变量偏移问题。接下来，我们就详细介绍一下 BN 算法及其背后的原理。

4.3.1　BN 的作用

对数据进行归一化或者标准化的目的主要是调整数据的数值范围，以便将其缩放到一个特定区间，例如通过计算数据的平均值和方差，然后使用这些统计量对数据进行调整（减去均值后除以方差），便可以实现对数据的标准化操作。

在使用神经网络模型进行推理或训练的过程中，对于数据也需要类似的操作，本小节将使用通俗的表述和例子来说明这个问题。

考虑一个场景：有 10000 张图像用于神经网络模型的训练，但由于诸如GPU 内存限制等因素，这些图像无法一次性全部输入到神经网络模型。通常的做法是将这些图像分成 N 个批次逐个训练，例如可以将它们分成 10 批，那么每一批包含 1000 张图像，这样的一批数据被称为一个 mini-batch。

此时，一个关键问题是如何确保这些批次中的图像具有相似的数据分布。这里粗略地使用灰度图中的灰度值来代表图像的分布：如果一批图像中大部分像素为黑色，则其数值分布接近 0；如果为白色，则接近 255。假设第一批主要是黑色图像，而第二批主要是白色图像，这两批的数值分布明显不同。这种差异可能会导致模型在逐批进行训练时性能不稳定，因为模型必须要不断地适应不同的数据分布。

解决这一问题的一个方法是在训练前对样本数据进行标准化。通过统计所有样本的数据分布，并据此调整各批次的数据来匹配整体分布，可以使训练过程中的输入保持一致性。关于对样本的标准化操作，可以参阅本书 5.1.3 小节内容。

但对样本的标准化仅仅能解决原始输入数据分布不一致的问题，在神经网络运算过程中，尤其是在深层神经网络中，内部隐藏层输出的数据也存在数值分布不一致的问题。这种现象被称为"内部变量偏移"。

解决这种隐藏层输出的数据分布不一致的办法，就是 BN 算法。BN 通过对每个批次的数据进行标准化，确保其在一个统一的分布范围内，这样不仅可以加速训练过程，还可以提高模型的泛化能力。

具体而言，BN 算法主要解决了以下问题：

① 加速训练　由于隐藏层之间的数据分布被统一，神经网络可以专注学习数据本身的特征，而无须关心隐藏层之间的数据分布差异，这样可以显著加速神经网络的训练过程。

② 提高模型的泛化能力　BN 算法在一定程度上充当了正则化的作用，有助于防止模型过拟合，从而提高模型在新数据上的泛化能力。

在训练场景和推理场景下，BN 算法的使用逻辑是不一样的。下一小节将详细分析两者之间的差异。

4.3.2　训练和推理中的 BN

BN 算法在训练和推理阶段的行为之所以不同，是由于在这两个阶段数据的使用方式和目标存在差异，主要表现为均值和方差的计算逻辑不一样。

在训练阶段，BN 计算的过程大概要经过以下几步：

① 对每一样本中的数据计算均值和方差。

② 使用计算的均值和方差对输入数据进行标准化。

③ 对标准化后的数据进行缩放和平移，通过可学习的参数进行调整。

④ 在下一轮反向传播中计算梯度并再一次更新参数。

将上述过程利用公式来表达。在训练阶段，对于每个批次的数据，设 x 是该批次内的一个数据点，则 BN 运算需要对 x 进行如下变换。

首先求取所有数据的均值 μ_B 和方差 σ_B^2：

$$\mu_B = \frac{1}{m} \sum_{i=1}^{m} x_i$$

$$\sigma_B^2 = \frac{1}{m} \sum_{i=1}^{m} \left(x_i - \mu_B \right)^2$$

利用求取的均值和方差对数据进行标准化，得到标准化后的数据 $\hat{x}_i$：

$$\hat{x}_i = \frac{x_i - \mu_B}{\sqrt{\sigma_B^2 + \varepsilon}}$$

然后，利用两个可以学习的参数 γ 和 β 来调整标准化后的数据：

$$y_i = \gamma \hat{x}_i + \beta$$

式中，m 是该批次内样本点数量；μ_B 和 σ_B^2 分别是该批次内依据所有样本点求取的均值和方差；ε 是一个极小值（例如 10^{-5}，可以防止在方差为零时的除零操作），γ 和 β 是可以学习的参数，分别用于调整 BN 后的数据的缩放和平移尺度，以保留网络需要的表达能力。

从上面的公式可以看出，在训练阶段，对于每一个批次，都可以计算得出一个均值和方差。如果将整个训练数据集分为 N 个批次来分别进行训练，那么整个训练阶段完成后，可以得到 N 个均值和方差。这 N 个均值和方差可以认为是每个批次内的局部均值和方差，所能代表的仅仅是该批次内数据的特性。

但是在推理阶段，通常希望模型的输出对于输入是确定的，不能依赖于单个（或某几个）批次的测试样本的特性。因此，在推理阶段，不能使用单个测试样本或某些批次计算出来的均值和方差来进行 BN 计算。

这时使用的应该是依据整个训练集数据统计出的全局均值和方差。因此，在推理阶段，BN 的计算过程可以用如下的公式来表述：

$$\mu_{pop} = E\left[\mu_B \right]$$

$$\sigma_{pop}^2 = E\left[\sigma_B^2 \right]$$

$$\hat{x}_i = \frac{x_i - \mu_{\text{pop}}}{\sqrt{\sigma_{\text{pop}}^2 + \varepsilon}}$$

$$y_i = \gamma \hat{x}_i + \beta$$

式中，μ_{pop} 和 σ_{pop}^2 分别代表通过每个批次的均值 μ_{B} 和方差 σ_{B}^2 求取出来的全局均值和方差（下标 pop 为 population 的缩写，在统计学上意为总体）。

可以看出，与训练时的公式不同的地方在于两者使用的均值和方差不同。那么现在就需要解决一个问题：如何通过训练每个批次时获取到的局部均值和方差，获取到整个训练集的全局均值和方差呢？

事实上，BN 算法在训练的过程中，不仅会实时计算每个批次的均值和方差，还会通过一定的方法来统计并估算整体的均值 μ_{pop} 和总体方差 σ_{pop}^2。通常情况下，统计总体均值和方差采用移动平均算法，移动平均的公式如下：

$$\mu_{\text{pop}}^{(t)} = \left(1 - \alpha\right)\mu_{\text{pop}}^{(t-1)} + \alpha\mu_{\text{B}}^{(t)}$$

$$\sigma_{\text{pop}}^{2(t)} = \left(1 - \alpha\right)\sigma_{\text{pop}}^{2(t-1)} + \alpha\sigma_{\text{B}}^{2(t)}$$

式中，t 代表时间维度的信息，假如 t 代表计算本批次参数的时刻，那么 $t-1$ 就代表计算上一批次参数的时刻；α 是一个衰减系数（也称作学习率），通常设为较小的值，如 0.1 或 0.01。每次更新 μ_{pop} 和 σ_{pop}^2 都是基于最新批次的局部数据和之前已经计算得到的全局数据来进行的。

通过以上移动平均计算，在所有批次的数据完成训练时，全局的统计信息 μ_{pop} 和 σ_{pop}^2 也同时计算完毕。从而在推理阶段，可以直接使用 μ_{pop} 和 σ_{pop}^2 进行 BN 的计算。

总结一下，BN 算法在训练和推理时的一个不同之处就在于两者对于均值和方差的处理不同。训练时会对每个批次的数据计算局部均值和方差，并且通过移动平均法不断地将本批次的均值和方差累积到全局均值和方差中。而推理阶段直接使用累积得到的全局均值和方差进行推理计算，从而使得模型可以利用到整个训练集的统计信息，提高模型的稳定性和泛化性。

4.3.3 手写 BN

在了解了 BN 算法的背景和作用后，本小节将使用 Python 语言来实现 BN 算法。

根据 4.3.2 小节所述，在训练阶段和推理阶段 BN 算法的实现不同。由于本书的重点在推理过程的算法解读和实战，因此对 BN 算法的实现不包括 4.3.2 小节中所述的移动平均算法。

首先，对 BN 算法而言，其输入是上一层输出的特征图，这里用 [1,H,W,C] 来表示输入特征图的形状。此时默认已经得到了全局均值 μ_{pop} 和全局方差 σ^2_{pop}，这两个参数可以作为 BN 已知参数直接使用。

其次，BN 的计算并不改变输入特征图的形状。这是因为该算法仅仅对数据进行归一化操作，输入特征图包含多少数据，输出特征图仍然会包含同样数量的数据。因此，BN 层输出特征图的形状同样可以表示为 [1,H,W,C]。

最后，BN 通常是按照通道来进行计算的。具体来说，在训练时每个通道独立计算其均值和方差，这是因为每个特征通道在整个数据集上通常具有不同的统计分布。因此，BN 的计算逻辑是在 Batch 维度和空间维度（包括特征图的高度 H 和宽度 W）上为每个通道数据进行标准化操作。

下面是使用 Python 代码实现的 BN 算法：

```python
def BatchNorm(img,mean,var,gamma,bias):
    #这里的mean代表全局均值，var代表全局方差
    #img为输入特征图，获取特征图各维度的形状信息
    h=img.shape[0]
    w=img.shape[1]
    c=img.shape[2]
    #channel维度独立，遍历channel维度进行计算
    for c_in range(c):
        data=img[:,:,c_]
        #减掉均值除以方差来完成归一化操作，1e-5是防止除零的出现
        data_=(data-mean[c_])/(pow(var[c_]+1e-5,0.5))
        data_=data_*gamma[c_]
        data_=data_+bias[c_]
        img[:,:,c_]=data_
    returnimg
```

以上代码采用对通道维度的循环方式来编写，是为了展示 BN 运算是在通道维度独立的，该代码可以较好地反映 BN 运算的步骤和算法原理。代码中的 gamma 和 bias 是尺度变换参数，这两个尺度变换参数是在训练过程中学习到的。引入这两个参数，是为了对 BN 计算后的数据进行缩放和平移，使得 BN 算法可以适应不同的数据分布，并赋予模型更大的灵活性。这种可学习的尺度变换对于

网络的表达能力和适应性非常重要，可以提高模型的性能。

本小节的完整代码可以在本书配套的代码 practice/python/ops/ 目录下获取。

4.3.4　卷积与 BN 的融合

在前面的章节中，我们已经对卷积和批量归一化（BN）进行了详细的介绍。通过这些内容，相信读者对这两种算法已经有了基本的了解。本小节将基于卷积和 BN 的基础，进一步探讨这两种算法的融合操作，这是一种常见的算法优化技术，旨在提升神经网络的性能。

为了更好地理解算法融合如何促进性能提升，本小节首先简要介绍一些计算机体系结构的基础知识。目前，大多数芯片的设计仍然基于冯·诺依曼架构。如图 4-21 所示，该架构的显著特点是其计算单元和存储单元的分离：数据存储在存储器中，而计算则由独立的计算单元（如 CPU）执行。要完成整个计算过程，数据必须从存储器传输到计算单元，计算完成后再将结果回传到存储器。

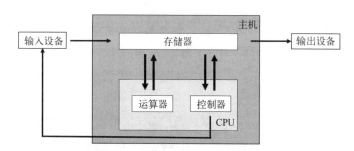

图 4-21　冯·诺依曼架构示意图

类比于烹饪过程，数据的搬运就像是将食材从冰箱（存储器）取出，放入锅中（计算单元）烹饪，烹饪完成后再盛放到餐盘（另一个存储器）中。这种冯·诺依曼架构的数据传输过程，尤其在数据量大时，会显著影响计算效率。

生活中最为常见的计算机产品便是电脑。以笔记本电脑为例，可以认为上面所说的存储器是内存或者硬盘，而计算单元则是电脑中的 CPU。

在这种情况下，CPU 在执行运算时，首先需要先将数据从内存中搬运到 CPU 对应的计算模块中。这个过程消耗的时间记为 T_0，CPU 执行计算所消耗的时间记为 T_1，计算完成后，将计算结果放回存储器消耗的时间记为 T_2，则整个计算过程中消耗的总时间：

$$T = T_0 + T_1 + T_2$$

式中，$T_0 + T_2$ 通常被认为是数据搬运的时间，其时间开销与 CPU 和存储器之间的带宽参数有关，带宽越大，搬运时间越短，反之搬运时间越长。而 T_1 则与计算单元的算力有关，算力越高，计算相同数据量消耗的时间则越短。

因此，可以看到，计算部件执行一次计算操作，并不仅仅只有计算这一步，还有为了计算而准备数据的步骤以及计算完成存储数据的步骤。有些时候，在计算芯片的带宽不足而算力很足的情况下，往往大量的时间都会消耗在数据搬运过程中，从而使整个计算过程遭遇带宽瓶颈。

考虑到神经网络中 BN 层通常跟在卷积层之后，对卷积的输出进行归一化操作。因此，我们可以通过融合这两个操作来减少数据传输，例如卷积和 BN 的计算可以合并，从而可以避免将卷积输出先存回存储器再传输到 BN 层的重复搬运，减少时间消耗，提高模型的性能。

假设卷积操作的总时间为 $T_c = T_{c0} + T_{c1} + T_{c2}$，其中 T_{c0} 和 T_{c2} 分别为将数据从存储器搬运至卷积计算模块需要的时间，以及将卷积计算的结果搬运回存储器的时间，T_{c1} 为卷积计算模块的计算时间。

那么神经网络在计算完卷积之后，紧接着要完成 BN 的计算。则 BN 操作的总时间可以表示为 $T_b = T_{b0} + T_{b1} + T_{b2}$。其中 T_{b0} 和 T_{b2} 分别为将数据从存储器搬运至 BN 计算模块需要的时间，以及将 BN 计算结果搬运回存储器的时间，T_{b1} 为 BN 计算模块的计算时间。

可以看到，在这个场景下，计算卷积和 BN 需要花费的总时间为

$$T = T_c + T_b = T_{c0} + T_{c1} + T_{c2} + T_{b0} + T_{b1} + T_{b2}$$

细心的读者可能已经发现了，卷积计算完成后将结果放回存储器，然后 BN 计算时又将这部分数据搬运到 BN 计算单元，会有很多的时间都浪费在了这一来一回的数据搬运中。如果将 BN 算法和卷积算法融合成一个算法，那么 $T_{c2} + T_{b0}$ 的数据搬运时间就可以消除，整体的运算性能就可以得到提升。

相当于此时不再单独做卷积和 BN 两道"菜"，而是直接做一道"卷积融合了 BN"的"菜"，并且从算法上保证结果的一致性。

具体来说，假设卷积的输入数据用 x 来表示，卷积的权重用 W 来表示，卷积的偏置项用 b 来表示。这里暂时忽略掉卷积的其他参数（如 Padding 和 Stride 等），使用 $*$ 来表示卷积运算。那么卷积的输出 y_{conv} 可以表示为

$$y_{conv} = W * x + b$$

在不融合的模式下，BN 的输入为卷积的输出 y_{conv}，记 BN 的输出为 y_{bn}，则 BN 首先对 y_{conv} 进行归一化操作，得到 y_{norm}。

$$y_{norm} = \frac{y_{conv} - \mu}{\sqrt{\sigma^2 + \epsilon}}$$

随后对 y_{norm} 进行缩放和平移操作，得到最终的 BN 输出 y_{bn}。

$$y_{bn} = \gamma y_{norm} + \beta$$

关于 BN 的公式可以查看 4.3.2 小节。

如果要将卷积和 BN 进行融合，可以把 BN 的计算直接整合到卷积核中，则融合后的卷积核 W_{new} 和偏置项 b_{new} 可以表示为

$$W_{new} = \frac{\gamma}{\sqrt{\sigma^2 + \epsilon}} W$$

$$b_{new} = \frac{\gamma}{\sqrt{\sigma^2 + \epsilon}} (b - \mu) + \beta$$

则将 BN 融合进卷积操作之后，卷积的计算公式变为

$$y_{conv} = W_{new} * x + b_{new} = \frac{\gamma}{\sqrt{\sigma^2 + \epsilon}} W * x + \left[\frac{\gamma}{\sqrt{\sigma^2 + \epsilon}} (b - \mu) + \beta \right]$$

式中，由于参数 γ、β、σ^2 以及 ϵ 都是 BN 运算已知的参数，也就是训练出来的参数或者固定的常数，因此可以将这些值直接整合到卷积核和偏置中，从而可以避免在运行时进行额外的计算。

如此一来，经过这样的算法融合，便可以减少卷积和 BN 之间的计算步骤，减少中间数据的额外搬运，大幅提升模型的运行性能。在实际的应用中，许多深度学习框架都提供了优化方法可以完成这种融合，从而提高模型的推理速度。

4.4

激活函数

通常情况下，在卷积神经网络的卷积层后会添加一类具有非线性关系的激活函数，来对卷积的输出特征进行激活。本节介绍为什么需要在卷积层后面添加激活函数，以及激活函数都有哪些作用。

4.4.1　非线性

首先看一个线性函数的例子。

假设有一个线性函数 $y = k_1x + b_1$，这里的 y 和 x 是一种线性关系，如图 4-22 所示。如果存在另一个线性函数 $z = k_2y + b_2$，那么，可以通过如下的变换，得到变量 z 和 x 同样也是线性关系。

$$z = k_2y + b_2 = k_2(k_1x + b_1) + b_2 = k_2k_1x + (k_2b_1 + b_2)$$

式中，令 $K = k_2k_1$，$B = k_2b_1 + b_2$，那么 z 和 x 的关系就可以写成 $z = Kx + B$，所以，z 和 x 同样是线性关系。这里主要表达的是：多个线性映射关系的叠加还是线性映射关系。

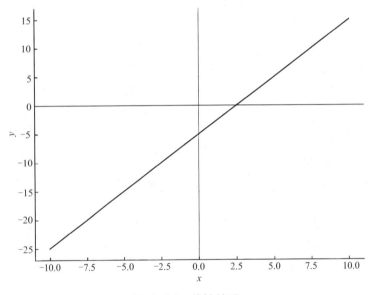

图 4-22　线性关系

在 4.1 节介绍卷积算法时提到过，卷积运算的核心逻辑是在输入特征图的通道维度进行的乘累加。从数学上看，乘累加运算实际上属于一种线性映射变换，因此可以认为，卷积运算本质上也是一种线性变换。

这就引出一个关键问题：在深层卷积神经网络中，如果卷积与卷积之间不添加其他的非线性变换操作，那么这些卷积层的串联，在效果上就等价于一个单一的卷积运算，如图 4-23 所示。这样就会使得"深度"卷积神经网络退化为一个简单的线性映射模型，从而神经网络也就失去了"深度"的意义。

因此，在卷积神经网络中，尤其是卷积层之后，需要引入非线性变换函数，这样神经网络模型便可以成为一个非线性系统，而不再是一个简单的线性系统。

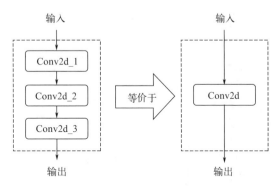

图 4-23 多个卷积串联等价效果示意图

对模型引入非线性函数的一种方法就是在卷积层后面插入激活函数。这些激活函数本身是非线性运算，多个非线性函数的叠加可以产生非常复杂且丰富的函数表示，从而使神经网络模型可以表示十分复杂的非线性变换关系。

下面介绍两种常见的激活函数，分别是 ReLU 激活函数和 Sigmoid 激活函数。

4.4.2　ReLU

ReLU 全称为 Rectified Linear Unit，翻译成中文为修正线性单元。它是一种简单但很有效的激活函数。

ReLU 函数的定义如下：当输入 x 大于等于零时，输出等于输入；当输入 x 小于零时，输出等于零。

$$y = \begin{cases} x, x \geq 0 \\ 0, x < 0 \end{cases}$$

图 4-24 展示的是 ReLU 函数的图像表示。可以看到 ReLU 的函数图像非常简洁，这也是 ReLU 作为激活函数的一个优势：计算简单。

相比于其他的激活函数，ReLU 的计算仅仅需要一次阈值判断。如果利用 Python 来实现 ReLU 函数，可以直接使用下面的代码进行计算：

```
def Relu(x):
  return np.maximum(0,x)
```

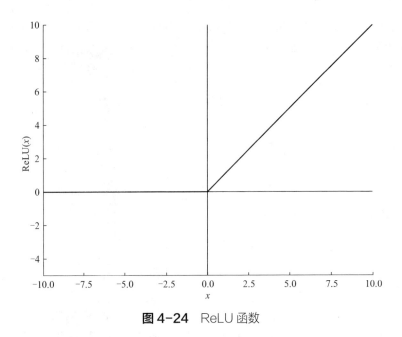

图 4-24 ReLU 函数

除了计算简单之外，ReLU 还有以下优势：

① 引入非线性　ReLU 本身是一个分段函数，在负半轴上输出始终为 0，正半轴输出为输入自身。这样的函数是一种非线性函数，可以为神经网络模型引入非线性因素。

② 易于求导　在正半轴上 ReLU 函数的导数始终为 1，这非常有利于模型在进行反向传播时求导。

③ 计算高效　在负半轴上 ReLU 函数的输出始终为 0，这样会使得模型的激活值处于一种稀疏状态。因为只有部分神经元被激活，稀疏的神经元会使得神经网络的推理计算过程更加高效。

当然，ReLU 作为激活函数除了以上优势之外，也存在一些缺点。最显著的便是"DeadReLU"问题，也称"死亡 ReLU"。这主要是因为在 ReLU 函数中，负半轴的输出始终为零，会使得神经网络在训练过程中，某些神经元永远不会被激活，从而导致这部分神经元对应的权重参数永远不会被更新，使得模型损失了部分神经元的作用。

为了解决"DeadReLU"问题，在 ReLU 函数的基础上出现了很多变体函数，比如 LeakyReLU 激活函数，如图 4-25 所示。LeakyReLU 函数在负半轴有一个非常小的非零输出，从而可以避免负半轴输出始终为零的问题。

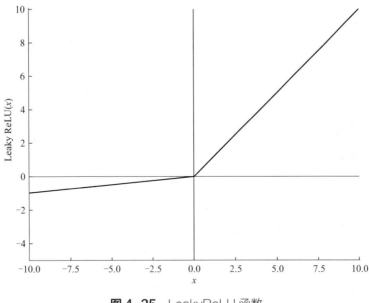

图 4-25 LeakyReLU 函数

4.4.3　Sigmoid

除了 ReLU 激活函数之外，另一个比较常见的激活函数是 Sigmoid 函数。Sigmoid 函数的数学表达式为

$$\sigma(x) = \frac{1}{1 + e^x}$$

式中，x 为输入。图 4-26 为 Sigmoid 函数曲线图。

Sigmoid 函数的图像看起来像一个 S 形曲线，它具有以下的特点。

① 函数的输出范围在（0,1）之间，并且不包括 0 和 1。

② Sigmoid 函数很明显是一种非线性函数，因此也可以为神经网络引入非线性变换。

③ Sigmoid 函数非常平滑，使得它在整个实数范围内都是可导的。

从以上几个特点便可以得出 Sigmoid 作为激活函数的优势。

① Sigmoid 函数可以用在二分类问题中。这是因为它可以将输出映射到 0 和 1 之间的概率范围内，非常适合用在模型的输出是概率的场景，比如典型的逻辑回归模型。

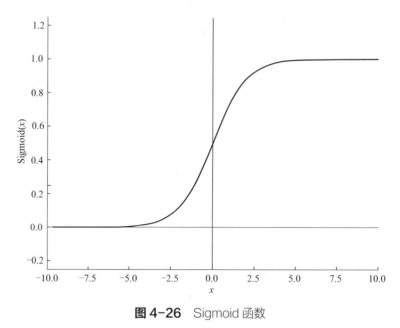

图 4-26 Sigmoid 函数

② Sigmoid 函数在整个实数范围内可导，这使得它在训练过程中可以与梯度下降等优化算法配合使用，便于模型参数的更新。

当然这个函数也有一些缺点，最典型的缺点体现在以下两方面。

① 梯度消失　这是因为在 Sigmoid 函数的两端，也就是输入数据趋向于正无穷或者负无穷的位置，此时函数的导数接近于零。导数为零会使模型反向传播进行梯度更新时，零值导数与传播来的梯度相乘，结果也等于零，从而导致梯度消失的现象。

由于梯度消失，会使得权重几乎无法更新，从而使得深层神经网络难以训练。

② 计算开销大　Sigmoid 函数会使得神经网络模型的计算开销变大。相比于ReLU 这种简单的激活函数，Sigmoid 的计算开销是很大的。该函数的计算开销大的原因主要来自函数中存在幂次运算。

因此，现在很多神经网络模型，很少会有 Sigmoid 函数的身影，更多的是ReLU 或者 LeakyReLU 这类计算简单并且效果不错的激活函数。在本书重点介绍的 ResNet50 模型中，使用的便是 ReLU 激活函数。

4.5

残差结构

本节介绍 ResNet50 模型中的关键算法结构，叫作残差结构（residual block）。

残差结构是深度学习中非常重要的神经网络架构，在 2015 年由何恺明等人提出，他们借助残差结构获得了 ImageNet 竞赛的冠军。这种结构主要用于构建非常深的神经网络，特别是卷积神经网络。事实上，随着神经网络架构的不断发展，残差结构或其思想已经应用在了很多新的架构中，比如在 Transformer 结构中就存在残差连接。

在很多学科中，残差指的是预测值与实际值之间的误差。而在神经网络的架构中，残差结构更多地特指一种"残差连接"或者"跳跃连接"。

如图 4-27 所示，对于正常的神经网络（左侧计算流程），如果输入数据为 x，那么输出可以表示为 $F(x)$，其中 F 为左侧神经网络逼近的函数。增加了残差连接之后，输出除了 $F(x)$ 之外，还会加上原始输入 x，这种结构被叫作 Shortcut 结构，翻译成中文可以被叫作捷径。

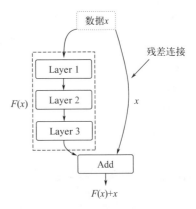

图 4-27 残差结构

此时，整个结构作为一个整体被称为残差块，残差块的输出为 $F(x)+x$。

因此，可以看到一个典型的残差块包含了两个主要部分：

第一部分是主路径，也就是图 4-27 左侧的神经网络片段。在卷积神经网络中，它一般包括几个卷积层（通常是两个或三个），每个卷积层后面跟有 BN 层以及激活函数。

第二部分为捷径（Shortcut）。它将残差块的输入直接连接到主路径的输出，这个连接被认为是一种恒等映射。

4.5.1 残差结构的作用

如本书 1.1 节所述，深度学习之所以可以区分于传统的机器学习，一个关键点就在于"深度"二字。

随着神经网络层数的不断增加，神经网络的深度也就越深，那么神经网络学到的数据特征就会更加丰富。但是，能无限制地加深神经网络层数吗？答案肯定是不行的。

神经网络训练的过程实际上是不断将训练的结果与目标进行拟合的过程。但是在神经网络的训练过程中，由于各种原因很有可能会发生梯度消失（如 4.4.3 小节的描述）的现象。一旦梯度消失就会造成神经网络模型难以完成训练。在这个时候，残差结构就可以发挥它的优势。

试想一下，由于残差结构中捷径的存在，可以使得输入数据无损地通过。如果 F 函数没有学习到很好的数据特征，那么叠加上无损的原始数据之后，$F(x)+x$ 依然保留了原始信息。而如果 F 函数学到了不错的数据特征，那么则会保留这些特征，使后面的网络在 $F(x)+x$ 的基础上进一步学习和优化。

反过来，在进行梯度的反向传播时也是如此。由于捷径的存在，即使非常微小的梯度也可以无损地传递到残差结构的前端，而不至于由于 F 函数的存在导致梯度在此消失，从而可以在很大程度上避免梯度消失现象的发生。

正因为残差结构的这种特性，使神经网络的层数可以设计得更深，从而神经网络模型可以识别出更加丰富的数据特征，具有更好的推理效果。

4.5.2 手写残差结构

在了解了残差结构的基本组成以及残差结构的作用之后，本小节将使用 Python 手写残差结构。

残差结构主要包含 4 种运算：卷积、BN、激活函数（ReLU）以及加法。由于在 4.1.10 小节手写过卷积，在 4.3.3 小节手写过 BN，并且加法和 ReLU 的实现也比较简单，因此手写残差结构便基于已经实现过的卷积、BN、激活以及加法来进行。

在 ResNet50 中，残差连接存在如图 4-28 所示的两种形式：一种是使用捷径直接将输入和输出进行连接，此时残差结构的输出为 $F(x)+x$ ；另一种是在捷径上插入一个卷积节点，用来确保加法的两个输入具有相同的形状，此时残差结构的输出为 $F(x)+\mathrm{Conv}(x)$ 。

为了更好地展示残差结构的实现逻辑，在实现残差结构时，将其中涉及的算法以伪接口的形式来进行调用，伪接口的实现代码可参考各算法章节中的手写部分。具体的伪接口定义如下：

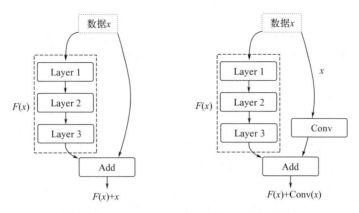

图 4-28 ResNet50 中存在的两种残差结构

① 卷积运算使用 ComputeConvLayer 接口。

② BN 运算使用 ComputeBatchNormLayer 接口。

③ ReLU 运算使用 ComputeReLU 接口。

④ 加法运算直接采用加法操作符（+）实现。

先实现 ResNet50 中捷径上不存在卷积的残差结构，如图 4-29 所示。

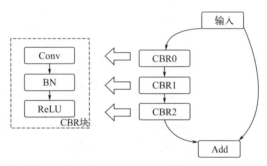

图 4-29 第一种残差结构

这一种残差结构左侧 F 函数是调用了 3 个 CBR 块来实现的，每个 CBR 块由卷积（Conv）、BN 以及 ReLU 函数组成，3 个 CBR 块首尾串联形成了左侧的结构。对于这一种残差连接，可以使用如下的伪代码实现：

```
def ComputeResBolck(in_data):
  # CBR0
  out=ComputeConvLayer(in_data)
  out=ComputeBatchNormLayer(out)
```

```
out=ComputeReLULayer(out)
# CBR1
out=ComputeConvLayer(out)
out=ComputeBatchNormLayer(out)
out=ComputeReLULayer(out)
# CBR2
out=ComputeConvLayer(out)
out=ComputeBatchNormLayer(out)
out=ComputeReLULayer(out)
# 残差连接
out=out+in_data
return out
```

而对于 ResNet50 中捷径上存在卷积的残差结构，如图 4-30 所示。

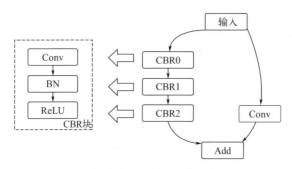

图 4-30 第二种残差结构

这一种残差结构左侧 F 函数不变，唯一变化的是在进行残差连接之前，需要对原始的输入调用一次卷积计算。对于这一种残差连接，可以进行如下的伪代码实现：

```
def ComputeResBolck(in_data):
  # CBR0
  out=ComputeConvLayer(in_data)
  out=ComputeBatchNormLayer(out)
  out=ComputeReLULayer(out)
  # CBR1
  out=ComputeConvLayer(out)
  out=ComputeBatchNormLayer(out)
  out=ComputeReLULayer(out)
```

```
# CBR2
out=ComputeConvLayer(out)
out=ComputeBatchNormLayer(out)
out=ComputeReLULayer(out)
# 卷积计算
conv_out=ComputeConvLayer(in_data)
# 残差连接
out=out+conv_out
return out
```

需要说明的是，在第二种残差结构中，捷径上之所以会插入一个卷积运算，原因是左侧 F 函数中卷积的运算有时会导致 F 函数输出的特征图形状和残差结构的原始输入特征图形状不一致（主要是通道维度发生了变化），形状不一致的两个输入是无法进行加法计算的。

因此，在这种情况下，需要在网络右侧分支上增加了一个卷积运算。该卷积的卷积核是 1×1，并且没有 Padding 参数和 Stride 参数。因此在进行卷积计算时不会改变特征图高度和宽度的尺寸，仅仅通过配置卷积核的个数来改变输出特征图的通道数，使之与原始输入的通道数相同，从而可以进行加法操作。

本小节的完整代码可以在本书配套的代码 practice/python/infer.py 文件中获取。

4.6
全连接

在 ResNet50 的核心算法中，除了卷积、池化、BN 以及 ReLU 之外，在模型的最后还有一个全连接层。

图 4-31 展示的是 ResNet50 网络最后的输出部分。在模型输出 logits 之前，模型中存在一个 Gemm 算法，该算法也被称为通用矩阵乘法，它实现的便是全连接运算。

因此，全连接本质上就是一种矩阵乘法。在介绍卷积时提到过，无论是卷积还是矩阵乘法，其作用都是完成输入数据的特征提取以及特征融合。而全连接的作用

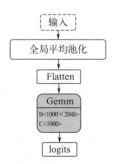

图 4-31 全连接层在 ResNet50 中的位置

更多地体现在"全"字上，也就是说它可以进行所有特征的融合。

全连接层（FC，fully connected layer），也称为密集层（dense layer）。在全连接层中，每个神经元均与前一层的所有神经元存在连接关系，形成一个完全连接的网络结构，如图 4-32 所示。

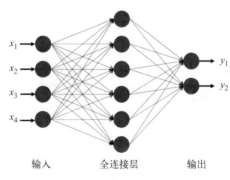

图 4-32 全连接层示意图

4.6.1 全连接的作用

卷积是通过固定大小的卷积核在输入特征图上滑动窗口来进行计算的，每次计算仅有窗口内的局部神经元参与，因此卷积可以看作是一种数据的局部连接结构，这也是为什么卷积可以有效地捕捉输入特征图的局部特征，而捕获全局特征的能力较弱。

全连接则将所有的神经元进行了连接，在计算时所有的神经元都互相参与计算，因此全连接是一种全局连接结构，可以有效地捕捉全局特征并且进行全局特征的融合。

关于全连接的理解，可以用"盲人摸象"的故事来通俗地进行理解。据传有几个盲人相约去王宫求见国王，因为他们没有见过大象，非常好奇大象是什么样子的。这些盲人希望国王可以让他们摸一摸大象，于是国王便令大臣牵来一只大象。

摸到大象腿的盲人说："原来大象像一根柱子。"

摸到大象鼻子的盲人说："原来大象像一条蟒蛇。"

摸到大象耳朵的盲人说："原来大象像一把扇子。"

盲人互相争执不休，都以为自己是对的。国王见状哈哈大笑，对盲人说："你们没有见过大象的全身，只摸到了局部，离认识一只大象还差得远呢。"

这便是典型的局部特征获取。

如果每个盲人在摸到大象的局部特征后，大家互相之间进行信息共享，这样每个人就可以获取到更多的信息，如此一来，盲人就可以得出更加接近大象真实样子的结论了。

全连接完成的就是一种类似于盲人之间信息共享的功能。在进行全连接运算时，所有特征点都参与运算并进行融合，最终会得到新的特征，而这个特征，便是包含了所有局部特征的全局特征。

全连接层一般放在神经网络模型的最后，用来作分类。

在 ResNet50 模型中，神经网络经过很多隐藏层（有卷积层和池化层等）的特征提取和融合之后，最终经过全局平均池化层会输出 2048 个特征。这 2048 个特征经过全连接运算后，会进一步完成特征的全局融合，最终输出 1000 个 logits 数值，这 1000 个 logits 数值基本上就可以代表所有样本分类的得分值了。得分值越高，说明原始输入图像属于这一分类的可信度越高。

通常情况下，将模型的原始输出称为 logits。logits 通常被解释为没有被归一化的分数，它代表着模型对每个类别的信心或置信度。这里所说的没有被归一化，意思是此时的 logits 输出的数值，大小不一并且有正数也有负数。

仍然以 ResNet50 模型为例，该模型最初是在 ImageNet 数据集上进行训练。ImageNet 是一个大规模的图像数据集，它包含了超过 100 万张图像，涵盖 1000 个不同的类别。

表 4-1 展示的 ImageNet 数据前 5 类的分类标签，可以看到序号为 1 的分类代表金鱼（goldfish），序号为 3 的分类标签为虎鲨（tigershark）。

表4-1 ImageNet数据前5类分类标签

分类序号	分类标签
0	"tench, Tincatinca"
1	"goldfish, Carassiusauratus"
2	"greatwhiteshark,whiteshark,man-eater,man-eatingshark,Carcharodoncarcharias"
3	"tigershark,Galeocerdocuvieri"
4	"hammerhead,hammerheadshark"

如果模型推理完一张图像，在全连接层输出的 1000 个 logits 结果中，得分最大的序号为 3，那么就有理由认为该图像中的物体是虎鲨。

看到这，可能会有一些读者有疑问：为什么以输出结果中最大数值的索引来代表最终的分类结果，而不是以最小数值或者其他数值的索引来代表最终分类结果呢？

这里还需要引出一个话题，那就是模型的原始输出 logits 与最终预测概率值之间还存在一种映射关系。模型最终推理的结果实际上是一种概率，也就是说可以以 90% 的概率认为这张图像是虎鲨，以 5% 的概率认为这张图像是金鱼，而我们更加倾向于选择概率更大的分类。

关于 logits 与概率之间的映射关系，可以查看 4.7 节 SoftMax 的内容。

总结一下，全连接层可以将神经网络中隐藏层提取到的特征，经过线性变化映射到样本空间，进而有助于进一步的图像分类。

4.6.2　手写全连接

全连接算法在一定程度上和矩阵乘法算法等价，因此如果想实现一个全连接算法，只需要实现矩阵乘法就可以。

矩阵乘法是线性代数运算，用于将两个矩阵相乘得到一个新的矩阵。要执行矩阵乘法，需要确保左矩阵的列数与右矩阵的行数相等。假设左矩阵的形状为 $M \times K$，右矩阵的形状为 $K \times N$，则矩阵相乘后得到的新矩阵的形状为 $M \times N$。

在 ResNet50 模型中，全连接层的左矩阵输入形状是 1000×2048，右矩阵的输入形状是 2048×1，这样两个矩阵相乘之后的输出形状为 1000×1，也就是 1000 个分类得分值。

下面利用 Python 语言来实现一个通用的二维矩阵乘法。同样为了展示矩阵乘法的运算逻辑，这里仍然采用循环的方式来实现。

```python
def FullyConnect(img, weight):
    # 获取M/K/N的数值
    M=img.shape[0]
    K=img.shape[1]
    N=weight.shape[1]
    out=np.zeros(M*N)
    #下面是核心矩阵乘法逻辑
```

```
      for i in range(M):
      for j in range(N):
        sum=0.0
        for k in range(K):
          left_val=img[i][k]
          right_val=weight[k][j]
          sum=sum+left_val*right_val
      out[i][j]=sum
   return out
```

在上面的代码中，假设输入 img 为左矩阵，其维度形状为 $M×K$，输入 weight 为右矩阵，其维度形状为 $K×N$，最终的输出 out 的形状为 $M×N$。

需要说明的是，以上的代码逻辑实现的是一个通用的二维矩阵乘法运算。虽然全连接与矩阵乘法在运算逻辑上可以认为是一致的，但是在实际的神经网络模型中，全连接和矩阵乘仍然有一些概念上的区别，主要区别如下：

第一，全连接层存在一个权重矩阵，该矩阵是模型在训练过程中学习的。一旦神经网络完成训练，该权重矩阵就属于神经网络中的常量，与卷积的卷积核类似。而矩阵乘法仅仅是两个矩阵相乘，不涉及权重的概念。

第二，全连接层的主要功能是对前一层的输出进行线性变换，它能够整合前一层的信息，实现前一层特征的融合。而矩阵乘法却可以用在很多线性代数计算中，依据各种不同的上下文具有不同的作用。

本小节的完整代码可以在本书配套的代码 practice/python/ops 目录下获取。

4.7
SoftMax 与交叉熵损失

在 4.6.1 小节介绍全连接时，提到神经网络模型原始的输出被称为 logits。在我们普遍的认知中，模型最终认为一张图像是属于哪一个类别，需要一个概率值而不是一个得分，例如可以以 70% 的概率认为图像是一只猫，以 30% 的概率认为图像是一只狗。

从 logits 转换为概率的过程可以使用一些函数来完成。在多分类（分类类别大于 2）场景中，一般使用 SoftMax 函数来完成，而在二分类（分类类别等于 2）场景中，可以使用 Sigmoid 函数来完成。

4.7.1 SoftMax

SoftMax 的作用是将模型的原始输出 logits 映射到 0~1 之间的概率分布。本小节将从 SoftMax 的算法原理来阐述一下这种映射关系是如何完成的。

假设使用神经网络模型做图像分类，样本的分类类别只有 3 个，分别是：猫、狗和人。那么对一张图像完成推理后，神经网络最后一层的全连接会输出三个 logits 数值，此时的 logits 形状可以认为是 1×3。

假设某次推理完后，猫、狗和人这三个分类的 logits 得分如表 4-2 所示。

表4-2 类别得分

类别	logits 得分
猫	2
狗	1
人	0.1

也就是说，这张图像的推理结果是：猫得了 2 分，狗得了 1 分，人得了 0.1 分。单看这个结果，其实大概可以进行如下的推断：因为猫的得分最高，那最终神经网络会认为这张图像是一只猫。这么理解当然是可以的，但是有一些地方存在问题。

就像前文所述，神经网络最终的输出类别的选择，依据的并不是 logits 得分值，而是概率值，神经网络会选择一个概率最高的分类作为它的分类结果。

为什么要使用概率而不是得分呢？主要出于以下几点考虑：

首先，模型的推理结果需要可解释性。模型最终输出的结果为图像属于每一样本类别的概率估计，这种结果相比于得分值会更加直观。对于一次模型推理的结果，可以说这次有 95% 的概率认为图像是一只猫，却很少会说这张图像是一只猫的得分值是 5 或者 10。因此，将 logits 得分值转化成概率对于神经网络的输出判别具有更好的解释性。

其次，logits 得分值是任意范围内的实数，这会导致数值计算上存在很多问题。比如在进行指数计算时会遇到数值溢出的问题。而转换为概率之后，可以将输出限制在 0 到 1 之间，从而避免数值问题，并保持输出的稳定性。

第三，概率可以提高决策的灵活性。一旦将 logits 转换为概率后，人们就可以设置一个决策门槛，来将概率大于门槛的分类作为真实有效分类，从而筛选掉一些无效的结果。而这一点 logits 得分值无法做到，因为 logits 得分值的数据范围会遍布在整个实数轴上，并且有正数也会有负数。

基于以上原因，就需要将 logits 转换为概率，而 SoftMax 算法便可以很好地解决这个转换问题。

这个算法之所以叫 SoftMax，可以从字面上理解：Soft 是软的意思，与之对应存在一个 HardMax 算法，HardMax 便可以理解为通常认知的求最大值，比如有 3 个 logits 得分值（3,4,9），那么对其进行 HardMax 计算，得分值最高的 9 对应的输出为 1，也就是概率 100%，其余的输出都为 0。

相比于 HardMax，SoftMax 的计算却更加复杂。

假设向量 z 表示分类模型输出的 logits，向量 z 的维度为 K，并且 K 表示类别的数量。向量中的每个元素 z_i 表示对应类别的 logit。SoftMax 函数将 z 转换成一个概率分布 p，其中每个元素 p_i 计算如下：

$$p_i = \frac{e^{z_i}}{\sum_{j=1}^{K} e^{z_j}}$$

式中，e^{z_i} 为 z_i 的指数；分母 $\sum_{j=1}^{K} e^{z_j}$ 表示所有类别 logits 指数的和，这可以确保输出的概率分布 p 中的所有元素之和为 1，从而 p 可以成为一个有效的概率分布。

经过上式的运算，每个类别的 logits 数值都被转换为了概率，并且所有分类的概率加在一起是 100%。因此 SoftMax 就可以很轻松地解决 logits 得分映射到概率的问题。

回到上述的分类例子，利用 SoftMax 算法将猫、狗和人的 logits 得分映射到概率后，可以得到如表 4-3 所示的结果。

表4-3 logits 得分映射为概率

类别	logits 得分	概率
猫	2	66%
狗	1	24%
人	0.1	10%

可以看到，虽然猫的得分仅比狗的得分高出 1 分，但是猫的概率为 66%，而狗的概率为 24%，猫的概率遥遥领先，因此可以有更大的信心来说预测结果就是猫。

SoftMax 在处理得分相近的问题时会更加有优势。上述的例子中，如果猫的得分是 2.1，狗的得分 1.9，人的得分是 0.1，只看得分值，猫和狗十分相近，并且远大于人的得分，此时如果不转换为概率，其实很难非常有信心地说预测结果是猫。

但是如果将此时的 logits 得分转换为概率后，结果如表 4-4。

表4-4 logits 得分与概率

类别	logits 得分	概率
猫	2.1	51%
狗	1.9	42%
人	0.1	7%

可以看到猫的概率为 51%，狗的概率为 42%，如果划定一个 50% 的决策门槛，那么可以更加有信心认为最终预测结果是猫。

这主要得益于 SoftMax 中的指数运算，指数运算的曲线如图 4-33 所示。

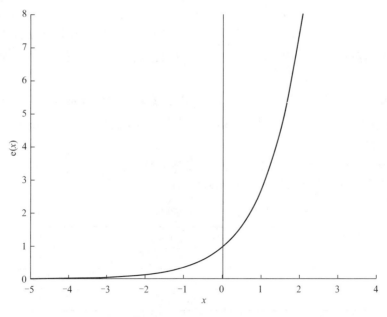

图4-33 指数运算曲线

指数运算的一个主要特点就是：横坐标轴上的微小变化，在纵坐标轴上就会引起很大的变化。所以，当 logits 从 1.9 变化到 2.1 时，经过指数的运算，两者的差距便被拉大了。

这便是 SoftMax 运算的优势：指数运算让 logits 得分大的分类最终输出的概

率更大，logits 得分小的分类最终输出的概率更小，而 logits 得分为负数的分类最终的概率接近于 0，从而该分类的结果可以被忽略。

需要说明的是，SoftMax 运算在将 logits 映射到概率的过程中，并不改变数值本身的相对大小关系，仅仅是将数值大的 logits 映射为更大的概率分布。因此，对于一次图像推理任务而言，在全连接层最终输出 logits 后，其实就可以通过获取 logits 中最大值的索引来确定推理结果了。

本书后续的实战部分也是基于此逻辑来完成的。因此在第六章实战部分的代码中并没有 SoftMax 运算的参与，也没有手写 SoftMax 运算的部分。读者可以在全连接层后面自行手写添加 SoftMax 运算，作为该小节的练习作业。

虽然 SoftMax 不影响最终的推理结果，但是在训练过程中，SoftMax 将 logits 映射为概率却是必要的。下一小节就说明在训练过程中，概率作为最终输出的必要性。

4.7.2　交叉熵损失

在神经网络的训练过程中，最终评判某次训练结果的指标是损失值，损失值衡量的是实际输出与预期输出之间的差异。损失值越大，说明本次训练的效果越不理想，反之则说明本次训练的效果较好。

损失值是通过损失函数计算得出的。损失函数有很多种，交叉熵损失函数是一种常用的损失函数，特别是在处理分类问题时。

设想以下场景：训练一个模型去识别图像是猫还是狗，模型的最终输出是概率向量（SoftMax 的输出，见 4.7.1 小节内容）。如果图像的实际标签是猫，肯定希望概率向量中代表猫的概率接近 1，而如果实际标签是狗，则希望代表猫的概率接近 0，代表狗的概率接近 1。交叉熵损失函数便可以用来衡量概率向量与真实标签之间的吻合程度。

具体来说，如果模型的预测结果与真实情况完全一致，交叉熵损失就是最低的，理论上为 0。而如果预测结果与真实情况相差很大，损失值就会很大。通过最小化这个损失值，神经网络模型便可以调整参数，以便更加准确地进行预测。

下面通过交叉熵损失函数的定义，来了解一下这个损失函数。

对于一个分类任务而言，假设其中分类的类别总数为 N，神经网络模型会对每个类别 i 输出概率 p_i。这里，p_i 是模型预测第 i 类的概率。

而分类真实标签会被编码为 One-hot（详见 8.1 节）向量，其中只有正确类别的位置为 1，其他类别对应的位置都为 0。记真实标签经过 One-hot 编码之后的向量为 $\boldsymbol{y}$，其中，如果样本属于类别 i，则 $\boldsymbol{y}_i = 1$，否则 $\boldsymbol{y}_i = 0$。

对于一个给定的样本，交叉熵损失函数定义为

$$L = -\sum_{i=1}^{N} \boldsymbol{y}_i * \log(p_i)$$

上式中对所有类别进行了求和。实际上，由于 $\boldsymbol{y}_i$ 中只有一个是 1，其余都是 0，所以这个公式实际上只计算了正确类别对应的预测概率的负对数。

看到这，有些读者可能还不能完全理解交叉熵损失函数。下面通过一个例子来进一步说明该函数的作用和意义。

假设现在对一个仅仅包含了 3 种动物类别的数据集进行训练，这 3 种类别分是狗、狐狸和马。

图 4-34 包含了这 3 种类别的图像，可以将图中的每张图像都使用 One-hot 编码来标记，标记结果如表 4-5 所示。

图 4-34 3 种动物数据集

表 4-5 类别与 One-hot 编码

动物类别	One-hot 编码
狗	[1, 0, 0]
狐狸	[0, 1, 0]
马	[0, 0, 1]

可以将每一个 One-hot 编码视为每种类别概率分布，那么就可以这么理解：第一张图像是狗的概率是 1（100%），因为此时使用的是图像的标签，标签

在训练时是已知的，所以可以百分百确定这张图像分类的概率分布，第二张图像是狐狸的概率是 1，第三张图像是马的概率是 1。此时的 One-hot 编码可以非常确定地告诉我们每张图像的分类是哪种动物：第一张图像不可能 90% 是狗，10% 是猫，因为它 100% 是狗。

因此，对于第一张图像来说，所有分类的概率分布如下：

$$p(\mathrm{dog}) = 1$$

$$p(\mathrm{fox}) = 0$$

$$p(\mathrm{horse}) = 0$$

同理，对于第二张图像来说，所有分类的概率分布如下：

$$p(\mathrm{dog}) = 0$$

$$p(\mathrm{fox}) = 1$$

$$p(\mathrm{horse}) = 0$$

同理，对于第三张图像来说，所有分类的概率分布如下：

$$p(\mathrm{dog}) = 0$$

$$p(\mathrm{fox}) = 0$$

$$p(\mathrm{horse}) = 1$$

如果将此时每张图像的概率分布代入交叉熵公式中，则可以计算出此时的交叉熵损失值全为 0。因为这是训练时的数据标签，是一种确定已知的概率分布。

$$L\big[p(\mathrm{dog})\big] = 0$$

$$L\big[p(\mathrm{fox})\big] = 0$$

$$L\big[p(\mathrm{horse})\big] = 0$$

现在，假设采用分类模型对这 3 张图像进行预测，在神经网络执行完一轮的迭代训练后，它可能会对第一张图像（狗）输出如下的结果（SoftMax 分类的输出）：

$$Q_1 = [0.5, 0.4, 0.1]$$

该结果表明，第一张图像约有 50% 的概率是狗，40% 的概率是狐狸，10% 的概率是马。

但是，单从图像的真实标签上看，它 100% 是狗，标签为我们提供了这张图像的准确概率分布。那么，此时如何评价这一轮模型预测的效果呢？

可以利用标签的 One-hot 编码作为真实概率分布 P 以及模型预测的结果 Q_1 作为预测概率分布来计算两者的交叉熵损失值。

$$L(P,Q_1) = -\sum_{i=1}^{3} p_i \log q_i = -(1 \times \log 0.5 + 0 \times \log 0.4 + 0 \times \log 0.1) \approx 0.301$$

此时计算的结果交叉熵损失值为 0.301，结果明显高于标签的零熵，说明预测结果并不是很好。此时模型需要继续训练，在训练了更多轮次后，模型学习到了更多的图像特征，此时模型可能对第一张图像（狗）输出如下的结果（SoftMax 分类的输出）：

$$Q_2 = [0.85, 0.1, 0.05]$$

基于此时的输出结果，依然计算真实概率分布 P 以及模型预测的概率分布 Q_2 的交叉熵损失值：

$$L(P,Q_2) = -\sum_{i=1}^{3} p_i \log q_i = -(1 \times \log 0.85 + 0 \times \log 0.1 + 0 \times \log 0.05) \approx 0.07$$

计算得出的损失值约为 0.07，相比于采用 Q_1 计算得到的交叉熵损失值 0.301，此时的损失值已经低很多了，并且损失的绝对值也变得非常低（接近于 0）。随着模型预测的结果变得越来越准确，模型输出的交叉熵损失值就会不断地下降。如果预测是完美的，那么交叉熵损失值就会变为 0。

这便是交叉熵损失函数的作用，可以十分方便有效地衡量预测值与真实值之间的差异。

在实际的应用中，由于多种原因（比如更容易计算导数），交叉熵损失的计算公式中 log 的计算使用的底数是 e 而不是 2。这是因为底数的改变只会影响计算结果的幅度，而不会影响相对大小结果。

上述关于交叉熵损失的计算，使用到的 P 是分类标签的 One-hot 编码，作为分类类别的真实概率分布，Q 则是每次预测时 SoftMax 的输出。从上面的计算也可以看出，在训练时使用 SoftMax 将全连接的 logits 输出转换为概率分布是十分有必要的，因为这样可以更好地和基于标签的 One-hot 编码进行交叉熵损失计算。

4.8

本章小结

在经过前面几节对于基础算法原理的讲述之后，相信读者对于计算机视觉，尤其是基于 ResNet50 中的经典算法已经有了一个全面的掌握。

总结一下本章的内容。

本章首先介绍了卷积算法。卷积算法在基于深度学习的计算机视觉模型中非常重要，通过调整卷积的参数以及卷积核的大小，可以使得卷积神经网络提取出图像不同尺度下的特征，并且完成图像特征的融合。

BN 算法用于处理神经网络隐藏层中间数据分布不一致的问题。通过在隐藏层中添加 BN 层，可以使神经网络模型的层数设计得更深，从而提高模型对于数据的鲁棒性。

池化算法的主要作用是对特征图进行局部的特征提取，主要分为最大池化和平均池化，其区别在于特征图的池化范围内进行的是最大值运算还是平均值运算。

激活函数用于对特征图中的数据进行激活，并且给神经网络赋予一定的非线性表达能力。正因为有了这种非线性激活函数的存在，才使得多层卷积运算的串联叠加可以拟合更加复杂的运算。

本章最后还介绍了全连接、SoftMax 以及交叉熵损失函数。全连接层一般放在神经网络的最后，用来对神经网络提取的特征进行进一步的全局融合，输出模型的原始 logits 得分值。原始 logits 得分值经过 SoftMax 的运算可以映射为 0 到 1 之间的概率分布，从而可以判断模型某次预测的结果。

交叉熵损失函数在模型的训练阶段可以计算某次预测结果与真实标签的差异，从而帮助模型在下一次训练过程中调整参数，使得模型往更加接近真实标签的方向输出。在使用模型进行推理时，则不需要使用交叉熵损失函数。

下一章将基于 ResNet50 这一经典的神经网络模型，使用 Python 代码进行完整模型的代码实战，并且完成一张图像的正确分类识别。

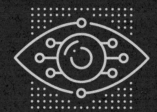

AI视觉算法
入门与调优

Chapter

5

基于 Python 从零手写模型

从本章开始本书将进入代码实战部分。在此之前需要简要说明一下实战部分的注意事项。

本章以及第六章的代码实战部分，会默认读者具有一定的编程基础，包括熟悉 Python 语法、Python 开发环境的搭建以及 pip 工具的使用等。当然，为了可以使读者更快速地进行 Python 的开发实战，本书附录给出了较为详细的 Python 环境搭建教程，主要是 OpenCV 库的安装。读者可以参考附录的内容快速进行环境搭建。

与本章实战相关的代码目录结构和代码使用方式参考本章的 5.2 节。

在实战部分会涉及更多代码的编写与实现思路，笔者会尽可能地将实战部分的细节写清楚，尤其是涉及与开发环境有关、与代码编写思路有关的内容。但是，由于读者可能会使用不同的系统进行代码开发与调试（比如有的读者习惯使用 Windows 进行开发，而有的则习惯使用 Linux 或者 MacOS），因此，本书的实战内容无法确保面面俱到，针对某一系统平台的开发可能会稍有遗漏。

为了避免这种情况的出现，笔者建议开发者可迁移到 Linux Ubuntu 环境下进行开发和调试。可自行安装 Ubuntu 虚拟机，也可参考附录快速搭建 Ubuntu 环境。之所以如此，是因为本书的配套代码是基于 Ubuntu 环境进行的开发与调试，可以确保在此环境下具有更好的稳定性。

另外，读者如果在代码实操过程中，遇到与开发环境配置有关的问题（典型的如 Python 找不到某库、C++ 编译找不到某软件等），可先通过网络进行搜索查询，此类问题有 95% 的概率可以快速从网上找到答案并得到解决。如果在使用过程中仍有问题，迟迟无法得到解决，可以在本书的前言部分寻找笔者的联系方式，笔者会尽可能协助读者解决相关问题。

5.1
Python 环境配置

本章的主要内容为使用 Python 从零手写 ResNet50 神经网络模型，并使用手写的模型成功完成一张图像的推理。

这里所说的从零手写，指的是模型的核心算法以及模型结构搭建不依赖任何第三方库，全部使用基础的 Python 语法手写完成。

关于从互联网上下载已经训练好的模型、保存模型的权值、加载模型的权值，以及导入图像等内容，依然会调用一些简单的 Python 函数来实现（这一部分不属于本书的重点，笔者认为没有必要重写这部分逻辑），这部分的逻辑可作为手写模型的辅助逻辑来对待。

因此，Python 环境只需要针对这些辅助逻辑配置依赖的第三方库即可。

这些逻辑依赖于以下库：

① numpy 库　这是一个很常用的科学计算工具包，实战部分会调用 np.vdot 函数来优化卷积的乘累加运算。

② torch、torchinfo 以及 torchvision 库　实战部分使用这三个库从互联网上下载已经训练好的 ResNet50 模型。

③ Pillow 库　这是一个开源的图像处理的基础库，包含了许多图像处理操作接口。实战部分将使用 Pillow 库完成图像的加载操作。

读者可以在 Python 环境中，使用如下 pip3 命令安装以上第三方库。

```
pip3 install numpy Pillow -i https://pypi.tuna.tsinghua.edu.cn/simple
pip3 install torch torchinfo torchvision -i https://pypi.tuna.
tsinghua.edu.cn/simple
```

上述命令中的"-i https://pypi.tuna.tsinghua.edu.cn/simple"后缀用来从清华大学的 Python 镜像源中下载相关 Python 包，防止因为网络问题导致从国外镜像源下载失败。

如果你已经把 Python 软件以及上述 Python 库安装好了，那可以继续下面内容的学习。

5.2
Python 目录简介

本书配套的完整 Python 代码可以在化学工业出版社官网获取，读者可以将代码下载至本地的 Python 开发环境下直接使用。本节将介绍实战代码中与本章内容有关的 Python 目录结构。

Practice 目录下为基于深度学习的实战代码目录，目录结构如下所述。

① model 目录　该目录下存放的是 ResNet50 模型下载和解析相关内容的文件。

其中，resnet50_parser.py 文件用来从网络中下载已经训练好的 ResNet50 模型。运行该脚本（命令为：python3 resnet50_parser.py）即可将模型的权值参数保存在 resnet50_weight 目录下。requirements.txt 文本文件为 model 目录下所需要的第三方依赖库列表。resnet50.onnx.png 和 resnet50_structure.txt 为已经保存好的 ResNet50 模型的结构。

无论是基于 Python 手写的模型，还是第六章基于 C++ 手写的模型。模型的权值参数都会从 model/ resnet50_weight 目录中进行加载，确保 Python 项目和 C++ 项目使用相同的模型参数。

② pics 目录　该目录下存放的是模型需要推理识别的图像，该目录已经预先放置了一些图像。你可以把自己感兴趣的图像放在此目录下，然后修改对应的图像加载逻辑，来测试模型是否可以将图像正确识别出来。

③ python 目录　该目录下存放的使用 Python 语言手写的 ResNet50 模型的核心逻辑文件。

python/ops 目录为所有核心算法的 Python 实现，包括卷积、BN、最大池化、全局平均池化以及全连接算法。

python/infer.py 是执行 ResNet50 推理的文件，包含了模型结构的搭建逻辑、对 python/ops 下核心算法的调用逻辑、推理图像的加载逻辑以及推理结果的展示。可使用如下命令运行此文件：python3 infer.py。

python/torch 目录下存放的是使用 torch 库搭建 ResNet50 模型，并对图像进行预测的逻辑。其作用是作为输出基准与手写模型的输出进行对比，读者可忽略本目录的内容。

python/imagenet_classes.txt 为 ImageNet 数据集的分类标签文件，在模型推理结束后，该文件用于查看分类结果。

④ cpp 目录　该目录为利用 C++ 语言手写模型的目录。该部分内容将在第六章进行介绍。

在熟悉了代码的目录结构，本章接下来将使用 Python 代码对 ResNet50 这一模型进行实现。

首先，看一下如何将需要推理的图像加载到计算机中，以及如何对已加载的图像进行预处理操作。

5.3

图像加载

在 python/infer.py 文件中，定义了一个 GetPicList 函数。该函数用于从 python/pics 目录下获取推理的图像，函数的代码实现如下：

```python
def GetPicList():
    """
    从指定目录中获取图像文件列表
    返回：
    list: 包含图像文件路径的列表
    """
    import os  # 导入操作系统接口库
    pic_dir = "../pics/"  # 设置图像文件夹的路径
    # 获取图像目录下所有文件的路径
    file_to_predict = [pic_dir +f for f in os.listdir(pic_dir)]
    # 为了测试，这里指定了一个特定的图像文件
    # 你可以修改此处的内容，来指定你希望进行预测的图像
    file_to_predict = ["../pics/cat.jpg"]
    return file_to_predict
```

GetPicList 函数会获取一个包含多张图像的列表，用于模型的推理识别。在获取完图像列表之后，会遍历图像列表，并对列表中的每一张图像单独进行加载和推理。该过程的伪代码如下：

```python
from PIL import Image  # 导入图像处理库
# 获取待预测的图像列表
pics = GetPicList()
# 遍历该列表中的图像
for filename in pics:
    # 使用Pillow库中的Image模块加载图像到img变量中
    img = Image.open(filename)
    # 对图像img进行其他推理操作
    ...
```

通过以上逻辑，便完成了图像的加载操作。

5.4

图像预处理

在使用 ResNet50 进行图像分类之前，首先需要对图像进行预处理。对图像进行预处理主要出于以下几个原因的考虑。

第一，图像尺寸的标准化。很多深度学习模型对于输入图像的尺寸是有要求的。ResNet50 通常需要输入的图像尺寸为 224×224（高 × 宽）像素，如果输入图像的尺寸与此不一致，模型将无法正确处理这些图像。因此，图像预处理的一环便是对加载的图像进行尺寸缩放，使其满足模型的要求。

第二，图像颜色通道的数值标准化。在推理时进行颜色通道的标准化，是因为这是模型在训练时所采用的预处理步骤的一部分。在训练过程中，模型学会了从经过特定方法进行预处理过的数据中识别特征模式。如果推理时的数据没有经过相同的预处理，模型的表现可能会显著下降。颜色通道的标准化可以确保输入数据的分布与训练时相似。

一般情况下，对图像在颜色通道（RGB）维度进行标准化操作，将图像的颜色通道数值缩放到模型期望的范围，通常是 0 到 1 之间，或者是通过数据集的平均值和标准差进行标准化。

除了以上两个原因之外，对于图像进行预处理，还可以减少模型在推理时的计算负担，提高模型的泛化能力。因此，图像预处理是在计算机视觉工作流程中不可或缺的重要步骤，采用正确的预处理操作可以显著提高模型预测的准确性和效率。

5.4.1　图像缩放和裁剪

为了将图像的尺寸（这里特指图像高度和宽度方向的尺寸）统一到模型需要的 224×224 的尺寸上来，在图像预处理阶段，首先需要对图像进行缩放和裁剪。图像裁剪和缩放的示意图如图 5-1 所示。

缩放（resize）一般指图像在高度和宽度方向上的尺寸缩放。目前有很多算法都可以完成图像的缩放操作。

最常见的是插值算法。不少读者可能接触过图像的插值算法，该算法的大致思路是通过图像中已知的像素点来推测未知位置的像素点，从而完成图像像素的填充、重建或者平滑，以此来改变图像的尺寸。

裁剪+缩放　　　　　　　　　　　　　仅裁剪

图 5-1　裁剪和缩放示意图

常见的插值算法有以下几种：

① 最近邻插值（nearest neighbor interpolation）　这是最简单的插值算法。它通过选择最近的像素值来计算空白位置的像素值，从而调整图像大小，该方法适用于图像小幅度的尺寸调整。

② 双线性插值（bilinear interpolation）　这种方法在图像的高度和宽度两个方向上进行线性插值，可以得到更平滑的图像，它在放大和缩小图像时都很常用。

很多 Python 库都集成了图像缩放的函数，可以直接调用这些函数完成图像的缩放操作，例如可以使用 OpenCV 库进行图像的缩放，示例代码如下：

```python
import cv2
# 加载图像
image=cv2.imread('path_to_image')
# 使用双线性插值调整图像尺寸
resized_image=cv2.resize(image,(224,224),interpolation=cv2.INTER_LINEAR)
```

上述代码调用 cv2.resize 函数，并使用双线性插值算法将图像调整到 224×224 的尺寸上来。

除了图像的缩放，裁剪（crop）也是一种常见的图像处理方法。裁剪是在图像的某个区域中仅保留感兴趣的图像。这种方法可以保留图像中的重要特征，并且去除掉边缘部分可能存在噪声或不相关信息的场景。

一种常见的裁剪方法是中心裁剪（center crop），该方法以输入图像的像素中心作为裁剪中心，上下左右进行对称裁剪。

在很多 Python 库中也集成了对图像进行裁剪操作的函数，并且可以指定将原始图像裁剪成多少像素，例如可以使用 Pillow 库完成一张图像的中心裁剪操作，并且将图像裁剪成 200×200 像素。

```
from PIL import Image
def center_crop(img, new_width, new_height):
  width, height = img.size # 获取原始图像尺寸
  left=(width-new_width)/2
  top=(height-new_height)/2
  right=(width+new_width)/2
  bottom=(height+new_height)/2
  return img.crop((left,top,right,bottom))
# 加载图像
image=Image.open("path_to_image.jpg")
# 执行中心裁剪，将图像裁剪成 200×200 像素的图像
cropped_image = center_crop(image,200,200)
```

经过上述代码，便可以轻松地完成图像的中心裁剪操作。

5.4.2　图像标准化

在对加载的图像进行缩放和裁剪之后，还需要对图像进行标准化（normalization）处理。

在基于图像的计算机视觉任务中，推理或训练前对图像进行标准化操作是非常常见的做法。通过对输入的图像数据进行标准化，可以使得所有输入数据具有相似的分布。这一点在介绍 BN 算法的时候提到过（可参考 4.3.2小节）。

对输入数据进行标准化的过程通常涉及两个参数：均值（*mean*）和标准差（*std*）。也即通过对输入数据减掉均值然后除以标准差的方法完成对数据的标准化。

在 ResNet50 模型训练时，对样本进行预处理时，使用的均值和标准差分别如下：

$$mean = [0.485, 0.456, 0.406]$$

$$std = [0.229, 0.224, 0.225]$$

ResNet50 在训练时候使用的训练数据集为 ImageNet，这是一个包含了几千万张图像的数据集，通过对该数据集中大量的图像分布进行统计，得到了如上的均值和标准差，由于该数据集的数量庞大，所以可以认为这些均值和标准差能够

代表广泛的图像特性。

还有一点需要注意，上面给出的均值和标准差是包含了 3 个数值的向量，这代表了每个 RGB 通道具有一个均值和标准差。这样利用每个通道的均值和标准差分别进行标准化处理，便可以更好地反映每个通道在整个数据集中的平均亮度和颜色变化，使模型具有更好的鲁棒性。

5.4.3 实战代码

在了解了图像缩放、裁剪以及预处理的相关知识后，在本书的 Python 实战部分，对其进行预处理操作是使用了 torchvision 库中的 transforms 模块来完成的。

具体的 Python 实现代码如下：

```
def PreProcess (filename):
  from PIL import Image
  # 使用torchvision中的transforms模块完成相关的预处理
  from torchvision import transforms
  img = Image.open(filename) # 加载图像
  PreProcess=transforms.Compose([
      transforms.Resize(256), # 图像大小缩放至256×256
      transforms.CenterCrop(224), # 图像大小按中心裁剪至224×224
      transforms.ToTensor(), # 将图像数据转换为torch中的tensor数据结构
  # 对图像数据按通道进行标准化
  transforms.Normalize(mean=[0.485,0.456,0.406],std=[0.229,0.224,0.225]),])
input_tensor=PreProcess(img)
```

使用以上代码，便可以完成图像所需要的所有预处理步骤。在对图像进行预处理之后，接下来就可以下载模型并搭建神经网络了。

5.5
模型准备

5.5.1 模型下载

使用以下代码可以方便地从互联网上下载已经训练好的 ResNet50 模型。

```
import numpy as np
from torchvision import models
import torch
model = torch.hub.load('pytorch/vision:v0.10.0', 'resnet50',
pretrained=True)
model.eval()
print(model)
```

上述代码中，torch.hub.load 是 torch 的一个函数，用于从某一仓库中加载预训练的模型。其中，pytorch/vision:v0.10.0 为仓库地址，resnet50 为该仓库中的模型名称，pretrained=True 表明下载的模型是预训练好的，模型中包含有训练好的权值参数。

model.eval 表示将模型设置为评估模式，也就是推理模式。对于模型的推理而言，设置评估模式是必要的，因为该模式会通知所有层在评估时应该如何运算，特别是对于那些在训练和推理时行为不一致的层，如 BN 层（见 4.3.2 小节）。

在模型下载完之后，通过 print 函数，可以把 ResNet50 的整体的网络结构全部打印并且输出到开发环境的终端上。

在配套的代码中，practice/model/resnet50_structure. 文本文件便是已经保存好的模型结构文件。

```
(conv1): Conv2d(3, 64, kernel_size=(7, 7), stride=(2, 2), padding=(3, 3), bias=False)
  (bn1): BatchNorm2d(64, eps=1e-05, momentum=0.1, affine=True, track_running_stats=True)
  (relu): ReLU(inplace=True)
  (maxpool): MaxPool2d(kernel_size=3, stride=2, padding=1, dilation=1, ceil_mode=False)
  (layer1): Sequential(
    (0): Bottleneck(
      (conv1): Conv2d(64, 64, kernel_size=(1, 1), stride=(1, 1), bias=False)
      (bn1): BatchNorm2d(64, eps=1e-05, momentum=0.1, affine=True, track_running_stats=True)
      (conv2): Conv2d(64, 64, kernel_size=(3, 3), stride=(1, 1), padding=(1, 1), bias=False)
      (bn2): BatchNorm2d(64, eps=1e-05, momentum=0.1, affine=True, track_running_stats=True)
      (conv3): Conv2d(64, 256, kernel_size=(1, 1), stride=(1, 1), bias=False)
      (bn3): BatchNorm2d(256, eps=1e-05, momentum=0.1, affine=True, track_running_stats=True)
      (relu): ReLU(inplace=True)
      (downsample): Sequential(
        (0): Conv2d(64, 256, kernel_size=(1, 1), stride=(1, 1), bias=False)
        (1): BatchNorm2d(256, eps=1e-05, momentum=0.1, affine=True, track_running_stats=True)
      )
    )
```

图 5-2 ResNet50 部分网络结构

图 5-2 是截取的部分模型结构，其中，Bottleneck 指的是模型中存在的残差结构。在模型结构中，每一层都列出了该层的参数，比如卷积层（Conv2d）中详细列出了卷积核的尺寸（kernel_size）、填充参数（padding）以及步长参数（stride）。

模型结构图可以非常清晰地展示模型中层与层之间的先后关系，比如在卷积层后面紧接着就是 BN 层，在 BN 层后面紧接着是激活函数 ReLU 层。

建议读者在进行代码实战之前，深度熟悉一下该模型结构，这将对手写算法以及手写模型有很大帮助。

5.5.2　权值保存

在上一节将模型的相关文件下载完成之后，还需要将模型中的权值保存下来，方便手写的模型进行调用。

在 ResNet50 中，存在权值参数的层主要是卷积层（权值为卷积核）、BN 层（权值为 gamma 和 bias）以及全连接层（权值为矩阵乘法中的其中一个矩阵）。其余的算法并不存在权值参数，因此本小节将针对以上的层，从已下载好的模型文件中提取参数，并进行保存。

保存这些权值参数的步骤为：首先，编写相关的 Python 代码，将这些权值从已经下载的模型中提取出来，然后将提取的权值保存到文本文件（后缀为 .txt 格式）中。权值保存的目录为 pratice/model/resnet50_weight。

除了保存各层的权值之外，还需要把所有卷积层的参数（如 Padding、Stride 以及卷积核尺寸等）也同样保存到 pratice/model/ resnet50_weight 目录下。这样做是方便手写的模型在执行到卷积层时可以直接使用这些卷积参数来进行运算。

具体而言，保存模型中各层（卷积、BN 和全连接）的权值逻辑如下：

```python
def save(data, file):
    """
    保存给定层的权重到文本文件中
    参数：
    data: 层对象，可以是卷积层、批归一化层或全连接层
    file (str): 保存权重和偏置的文件名的基础部分
    """
    # 如果是卷积层
    if isinstance(data, type(ResNet50.conv1)):
```

```python
        # 保存卷积层的参数
        save_conv_param(data, file)
        # 转置权重矩阵以适应自定义计算需求
        w = np.array(data.weight.data.cpu().numpy())
        w = np.transpose(w, (0, 2, 3, 1))
        # 保存权重到文本文件
        np.savetxt(dump_dir +file +"_weight.txt", w.reshape(-1, 1))
    # 如果是批归一化层
    if isinstance(data, type(ResNet50.bn1)):
        # 保存批归一化层的参数
        save_bn_param(data, file)
        # 保存运行时均值和方差
        m = np.array(data.running_mean.data.cpu().numpy())
        np.savetxt(dump_dir +file +"_running_mean.txt", m.reshape(-1, 1))
        v = np.array(data.running_var.data.cpu().numpy())
        np.savetxt(dump_dir +file +"_running_var.txt", v.reshape(-1, 1))
        # 保存偏置和权重
        b = np.array(data.bias.data.cpu().numpy())
        np.savetxt(dump_dir +file +"_bias.txt", b.reshape(-1, 1))
        w = np.array(data.weight.data.cpu().numpy())
        np.savetxt(dump_dir +file +"_weight.txt", w.reshape(-1, 1))
    # 如果是全连接层
    if isinstance(data, type(ResNet50.fc)):
        # 打印权重矩阵的形状
        print(data.weight.shape)
        # 保存全连接层的偏置和权重
        bias = np.array(data.bias.data.cpu().numpy())
        np.savetxt(dump_dir +file +"_bias.txt", bias.reshape(-1, 1))
        w = np.array(data.weight.data.cpu().numpy())
        np.savetxt(dump_dir +file +"_weight.txt", w.reshape(-1, 1))
```

上述代码中，data 为已下载的 ResNet50 模型中的节点，通过调用 isinstance 函数来判断某个节点是属于卷积节点还是 BN 节点，从而取出这个节点的属性。各层保存的权值文件的命名规则为"resnet50_"＋算子名＋算子序号＋算子的参数名，如 resnet50_conv1_weight.txt，保存的是模型中出现的第一个卷积层的权值。

在上述代码保存卷积权值的逻辑中，存在一个保存卷积参数的函数 save_

conv_param。这些参数也可以通过模型中卷积节点的属性获取到。保存卷积参数的逻辑实现如下：

```python
def save_conv_param(data, file):
    """
    保存卷积层的参数到文本文件中
    参数：
    data (Conv2d)：PyTorch中的卷积层对象
    file (str)：保存参数的文件名的基础部分
    """
    # 获取卷积核尺寸、步长、填充、输入通道数和输出通道数
    kh = data.kernel_size[0]  # 卷积核尺寸
    sh = data.stride[0]  # 步长
    pad_l = data.padding[0]  # 填充
    ci = data.in_channels  # 输入通道数
    co = data.out_channels  # 输出通道数
    # 将这些参数组合成一个列表
    l = [ci, co, kh, sh, pad_l]
    # 使用 numpy 将这些参数保存到文本文件
    # 文件名由目录以及层名称和 "_param.txt" 组合而成
    np.savetxt(dump_dir +file +str("_param.txt"), l)
```

该函数通过获取卷积节点 data 的属性（如通过 data.kernel_size 获取卷积核尺寸属性值），然后以固定的顺序保存到文件中。卷积参数文件的命名方式为路径名+卷积层名称+后缀，如保存的是模型的第一个卷积的参数，则文件命名后为："model/resnet50_weight/resnet50_conv1_param.txt"。

需要说明的是，下载的模型中包含的模型参数的数据类型为浮点数，可以打开配套代码中已保存的权值文件进行查看。浮点数可以确保模型在训练和推理过程中具有更高的计算精度，因此后续手写相关算法在实现时，也是基于浮点数的数据类型来进行的。

模型权值与卷积层参数保存的完整逻辑，可以查阅配套代码中的 practice/model/resnet50_parser.py 文件。

5.5.3　权值加载

在将模型的权值和卷积层的参数保存好之后，接下来就是要实现这些权值的

加载逻辑。

所谓的权值加载，是为了使神经网络模型运行到某一层时，可以直接调用该层已训练好的权值与输入特征图进行运算（如直接使用训练好的卷积核中的权值参数与输入特征图进行卷积运算），利用这些权值完成输入特征图的特征提取和特征融合操作。

在上一小节，权值文件（文本文件）已经预先保存在了硬盘上，并且按照一定的规则进行了命名。在模型运行时，只需要将权值数据从硬盘上加载到内存中即可。

加载权值的过程为：当模型运行到神经网络的某一层时，在该层算法的实现逻辑中，通过与 5.2.2 小节保存权值时相同的命名规则，去硬盘中对应的目录寻找相应的文本文件，然后将该文件读取到内存中，进行后续的计算。

该过程看似简单，但在实际的模型部署中，权值加载却是一个非常重要的流程。

假设在 GPU 平台上进行某一模型的部署，通常的做法是将模型中的权值加载到显存中。一般而言，显卡都会配有几 GB 甚至十几 GB 的显存容量，这个显存容量对于大部分的模型是足够使用的。在模型使用 GPU 进行推理时，如果运行到某一卷积层，硬件便需要将该层卷积对应的权值数据加载到计算部件对应的"片上内存"中，从而可以完成卷积的计算。

本书中加载文本文件的过程，模拟的就是在 GPU 上部署模型加载权值的过程。如果你曾做过模型部署，此时可能会有疑问："在使用一些部署框架或接口部署模型时，并没有看到模型参数加载的过程，这是为什么呢？"

这是因为很多深度学习框架，为了开发者使用得方便，将模型执行过程中的许多细节进行了封装和隐藏。比如，常见的将权值加载到显存中，会调用类似 cudaMemcpy 的接口来完成，但是不少的框架会将该接口进一步封装，导致开发者经常看不到或者忽略掉类似权值加载的过程。

而本书手写的模型中，因为没有使用任何框架的代码，所以模型加载的过程也必须手动实现。本书加载模型权值的逻辑通过以下函数实现：

```
def LoadDataFromFile(file_name, is_float=True):
    """
    从文件中加载数据
    参数：
    file_name (str)：要读取的文件的路径
```

```
    is_float (bool): 指示加载的数据是否应被解释为浮点数。默认为 True
    返回:
    list: 包含文件中数据的列表
    """
    # 定义一个空列表用于存放读取的数据
    k = []
    # 打开指定的文件进行读取
    with open(file_name, "r") as f_:
        # 读取文件的所有行
        lines = f_.readlines()
        # 将每行转换为浮点数并存储在列表中
        k = [float(l) for l in lines]
        # 如果指定为非浮点数，则将列表中的元素转换为整数
        if not is_float:
            k = [int(l) for l in k]
    # 返回包含数据的列表
    return k
```

该函数为通用函数，完成的是从某一文件中加载数据到内存中。如果是要加载卷积参数，可以使用 LoadConvParam 函数，函数的实现如下：

```
# 加载卷积参数的函数
def LoadConvParam(name):
    """
    加载指定卷积层的参数。
    参数:
    name (str): 卷积层的名称，用于确定要读取的参数文件
    返回:
    list: 包含卷积参数的列表
    """
    # 构造参数文件的完整路径
    name = params_dir +name +"_param.txt"
    # 调用 LoadDataFromFile 函数读取参数数据
    param = LoadDataFromFile(name, is_float=False)
    return param
```

其余层的权值加载逻辑与 LoadConvParam 类似。需要注意的是，在卷积运算时，存在 LoadConvWeight 和 LoadConvParam 两个函数，分别完成权值的加载

和卷积参数的加载。因为权值数据为浮点数，而卷积参数为整数，因此在调用 LoadDataFromFile 时需要进行区分，这里使用 is_float 变量进行区分，以确保正确加载对应的数据。

在完成权值加载到内存的操作之后，便可以将权值传递给对应的算法逻辑进行运算。

加载权值的完整代码，可以查看本书配套代码中的 practice/python/infer.py 文件。

5.6
手写算法

为了让读者能做到边学边练，在第四章介绍 ResNet50 核心算法原理时，便在对应的章节嵌入了各算法的实现代码。各个算法的实现文件的目录为：

① 卷积　文件为 practice/python/ops/conv2d.py。

② BN　文件为 practice/python/ops/bn.py。

③ 池化　文件为 practice/python/ops/pool.py。

④ 全连接　文件为 practice/python/ops/fc.py。

由于 ReLU 激活函数的实现比较简单，并没有单独的文件，而是在实现模型结构时直接编码的。上述文件中给出的算法是基于 Python 实现的基础版本，实现过程没有调用任何第三方库。这也导致许多算法的代码中存在一些循环实现。循环实现的目的是展示算法的实现细节，有助于更深入地理解算法实现原理。

但是使用循环方式实现算法有一个缺点：代码的执行效率比较低。但效率问题不是本章的重点，本章的重点为完成手写模型的功能验证，使其可以正确识别出图像的分类。模型运行的效率会在第六章进行专门的优化分析。

5.7
搭建模型

本节将根据 5.6 节手写实现的核心算法，依据 ResNet50 模型的结构，搭建出一个完整的模型。模型的结构参考配套代码中的 practice/model/resnet50_structure. 文本文件。

搭建模型的思路如下：

① 对手写的核心算法进行封装　将已手写的核心算法进一步封装成方便调用的函数。函数以层的名字进行命名，例如将卷积的实现封装为 ComputeConvLayer 函数，该函数接收两个输入，分别为卷积的输入特征图和该层卷积在模型中的名字（模型中唯一）。

每种算法的实现都放在了 ops 目录下，比如 ops/pool.py 文件为池化算法的实现文件，在 ComputeAvgPool 中，通过 import ops/pool 来直接调用 ops/pool.py 中已实现的算法核心函数，如：

```
import ops/pool as pool
def ComputeMaxPoolLayer(in_data):
  res = pool.MaxPool(in_data)
  return res
```

所有层的算法调用逻辑都是基于以上代码调用规范来完成的。

② 在封装接口中进行权值和参数加载　对于卷积而言，输入特征图在推理过程中是不断变化的：本层的输入是上一层的输出，因此特征图需要作为参数在接口中进行传递。而卷积的权值在推理过程中是常量，需要在模型运行时动态加载到内存中。

例如，通过 ComputeConvLayer 函数的第二个参数（卷积的名称）可以直接得到已保存的权值文件名和卷积参数文件名，然后调用加载逻辑将权值文件和卷积参数文件中的数据加载到内存中，便可进行卷积的运算。其他存在权值文件的层也是类似的处理逻辑。对于不含权值的层，例如激活层或池化层，其接口仅需要将上一层的输出特征图作为本层的输入进行传入即可。

另外，对于模型中存在的残差块，同样将其作为一层算法对待。将残差块的实现逻辑封装为 ComputeBottleNeck 接口，该接口除了传入了输入特征图以及名称之外，还传入了第三个参数：down_sample。down_sample 用来指示在残差结构中，高速公路分支上是否存在卷积节点（可参阅本书 4.5.2 小节关于残差结构的介绍）。

③ 模型搭建　在完成了以上的接口封装之后，开始进行模型搭建。首先，定义一个 Resnet 类，该类包含 ResNet50 模型的所有层和残差连接，该类的实现逻辑如下：

```
class Resnet():
    def run(self, img):
        out=ComputeConvLayer(img,"conv1")
        out=ComputeBatchNormLayer(out,"BN1")
        out=ComputeReLULayer(out)
        out=ComputeMaxPoolLayer(out)
        # layer1
        out=ComputeBottleNeck(out,"layer1_bottleneck0",down_sample=True)
        out=ComputeBottleNeck(out,"layer1_bottleneck1",down_sample=False)
        out=ComputeBottleNeck(out,"layer1_bottleneck2",down_sample=False)
        # layer2
        out=ComputeBottleNeck(out,"layer2_bottleneck0",down_sample=True)
        out=ComputeBottleNeck(out,"layer2_bottleneck1",down_sample=False)
        out=ComputeBottleNeck(out,"layer2_bottleneck2",down_sample=False)
        out=ComputeBottleNeck(out,"layer2_bottleneck3",down_sample=False)
        # layer3
        out=ComputeBottleNeck(out,"layer3_bottleneck0",down_sample=True)
        out=ComputeBottleNeck(out,"layer3_bottleneck1",down_sample=False)
        out=ComputeBottleNeck(out,"layer3_bottleneck2",down_sample=False)
        out=ComputeBottleNeck(out,"layer3_bottleneck3",down_sample=False)
        out=ComputeBottleNeck(out,"layer3_bottleneck4",down_sample=False)
        out=ComputeBottleNeck(out,"layer3_bottleneck5",down_sample=False)
        # layer4
        out=ComputeBottleNeck(out,"layer4_bottleneck0",down_sample=True)
        out=ComputeBottleNeck(out,"layer4_bottleneck1",down_sample=False)
        out=ComputeBottleNeck(out,"layer4_bottleneck2",down_sample=False)
        # 全局平均池化
        out=ComputeAvgPoolLayer(out)
        # 全连接
        out=ComputeFcLayer(out,"fc")
    return out
```

Resnet 类中仅有一个 run 函数，用来运行模型。run 函数仅接收一个输入，为模型推理时处理的图像，该图像需要是经过了预处理的图像。上述代码根据模型的结构逐层搭建，体现了神经网络逐层运算以及数据从前往后流动的特点。

至此，我们就使用 Python 将神经网络模型搭建完成了，下面就可以利用该模型对图像进行推理预测。完整的代码可以参考配套代码中的 practice/python/infer.py 文件。

5.8
模型预测

在完成模型的权值保存和加载逻辑、图像的预处理逻辑、核心算法手写以及模型的搭建之后，事实上便可以使用该模型进行图像预测了。

图像预测的逻辑代码在 practice/python/infer.py 中的 main 函数中，主要实现如下：

```
pics = GetPicList()
module = Resnet()
for filename in pics:
    pre_out = PreProcess(filename)
    res = module.run(pre_out)
    out_res = list(res)
    max_value = max(out_res)
    index = out_res.index(max_value)
    with open("imagenet_classes.txt", "r") as f:
        categories = [s.strip() for s in f.readlines()]
        print("result:" +categories[index])
```

对以上代码进行如下说明：

① pics = GetPicList()　该函数用来获取模型预测的图像列表。在 practice/pics 目录下放置了一些图像用于推理测试，你也可以往该目录下放置一些其他图像进行测试，以此来检验模型是否可以正确识别出图像中的物体。

② module = Resnet()　该函数创建了 Resnet 类，该类包含了模型中所有算法

的调用、函数的封装以及网络结构。

③ for filename in pics 遍历获取到的图像列表中的图像，对列表中的图像逐一进行预测。

④ pre_out = PreProcess(filename) 对每一张图像进行预处理。PreProcess 函数的输入为原始图像，输出（pre_out）为经过预处理之后的图像。在 ResNet50 模型中，经过图像预处理所有的图像都会被缩放和裁剪至 224×224 的尺寸。

⑤ res = module.run(pre_out) 将预处理之后的图像输入给模型进行推理，模型完成推理后，返回推理结果 res，这里的 res 指的就是全连接层的原始输出 logits。

最后，根据 logits 得到其中最大值对应的索引，依据该索引从分类文件（imagenet_classes.txt）中获取到分类类别。

模型完成的推理流程如图 5-3 所示。

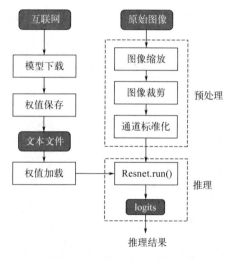

图 5-3　推理流程示意图

我们可以使用 pics 目录下的 Cat.jpg 文件对模型推理的正确性进行验证。图 5-4 为 pics/Cat.jpg 图像。

对该图像的推理结果为：

```
predict picture: ../pics/Cat.jpg
    max_value: 14.348272597665343
    index: 282
    result: tiger cat
```

图 5-4 pics/Cat.jpg 图像

结果显示图像分类为 tiger cat，说明模型可以正确地完成图像的识别，也验证了手写的算法和搭建的模型的有效性。

这里说明一下，基于 Python 搭建的模型并没有考虑模型运行性能，因此，如果首次预测一张图像，会花费较长的时间。

在执行模型推理之前，你也可以将 practice/python/infer.py 文件中的 use_opt 变量设置为 True，这样会启用卷积的优化，可以大幅减少模型的推理时间。这一部分的优化细节可以参阅本书 5.10 节内容。

另外，模型推理完后，除了会将分类结果输出之外，还会输出模型执行本次推理的两个关键性能指标，分别为吞吐和延时。下一节将介绍一下这两个指标的概念，后续对模型进行性能优化，会依赖这两个指标进行优化性能评估。

5.9

性能指标

对神经网络模型的性能进行评估，离不开吞吐和延时这两个指标。

吞吐或吞吐量（throughput），指的是完成一个特定任务的速率，也可以理解为在单位时间内完成的任务量。对于计算机网络而言，吞吐量的衡量单位一般是

bps 或者 Bps，也就是每单位时间内处理的比特数或者字节数。

举个例子，如果一条数据通路的吞吐量是 40Gbps，那么就意味着如果往这个数据通路中注入 40Gb 的数据量，它可以在 1s 内流过这条数据通路。

对于神经网络模型而言，尤其是完成图像处理任务的模型，吞吐量可以理解为模型每秒可以处理的图像数量。

而延时（latency）指的是完成一个任务所花费的时间，注意单位是时间。

举一个生活中较为常见使用到延时的例子：在打游戏时可能会遇到网络卡顿的情况，此时，我们一般会关注一个数据，那就是延时。在游戏场景下，延时统计的是电脑和游戏服务器之间信号传递的时间，延时越高，游戏可能越卡顿。

那么，吞吐和延时这两者又有什么关系呢？吞吐高是不是就意味着延时低呢？很多读者都会有类似的疑问。接下来就通过一个例子来说明这个问题。

假设银行里有一台取款机，平均下来它会花费 1 分钟的时间将钱吐出送给客户（这 1 分钟包括插卡、输密码和取钱等步骤，这里不考虑个人差异等因素）。

也就是说，如果你排队使用这台取款机取钱，可以预见的是在 1 分钟的时间内便能拿到钱并且离开取款机。

在这种场景下，这台取款机处理任务的延时是 1 分钟。此时的吞吐量呢？吞吐量是 1/60 个人每秒。如果存在 1/60 个人去取钱的话，那么取款机每秒能接待的客户数量是 1/60 个。

如果取款机进行了升级，从之前平均 1 分钟可以接待一个客户，到升级后平均 30 秒可以接待一个客户。那么此刻的取款机的延时变为了 30 秒，吞吐量变为了每秒可以接待 1/30 个客户，看似符合延时减半、吞吐翻倍的规则。

如果据此来认为，吞吐量等于延时的倒数，那么正确吗？

继续看这个例子。银行为了应对更多客户的取钱需求，在原来仅有的取款机旁又安装了一台新的取款机。这里假设这两台取款机都是未升级前的状态，也就是一台机器平均 1 分钟可以接待一名客户。

那么如果去取钱，从占据一台取款机开始到取出钱之后离开，还是会花费 1 分钟，也就是延时仍然是 1 分钟。

此时的吞吐量又是多少呢？两台取款机可以同时工作，也就是 1 分钟可以处理两名客户的取钱需求，此时的吞吐量变为 2 人 / 分钟，或者 1/30 人每秒。

和只有一台取款机时相比，延时并没有发生变化。因为对于一名单独的客户而言，取钱仍要花费 1 分钟的时间。但是由于取款机数量的增加，导致整个取钱系统的吞吐量增加了一倍。

看到这就可以理解吞吐的增加和延时没有关系。

所以，对于系统的吞吐可以理解为一个系统可以并行处理的任务量。而延时，则更多地指一个系统处理某一个任务时所需要花费的时间。

对应到神经网络模型推理的场景下，神经网络模型的吞吐量指的是模型每秒可以处理的图像数量。这与模型本身的推理性能有关，也与实际部署时使用的计算资源有关，例如对于同样的模型，使用两台 GPU 设备并行计算时，系统推理的吐吞量一般都要比单个 GPU 计算时要高。

但是，在实际推理场景下，由于部署运行某一模型后，使用的硬件资源是固定的，很少存在模型运行过程中计算资源的增加（如推理过程中突然增加 GPU 设备）。因此，在实际模型部署的情况下，可以粗略地认为延时等于吞吐量的倒数。

基于以上分析，对于手写模型的性能评估，可以使用如下公式计算模型的吞吐和延时。

延时代表预测一张图像模型的执行的时间，单位为毫秒（ms）。延时的计算公式为：

$$Latency = \frac{total\_time}{N}$$

式中，N 为预测图像的数量；$total\_time$ 为预测 N 张图像消耗的总时间，ms。

吞吐则代表单位时间内可以处理的图像数量，在不增加硬件资源以及其他因素保持一致的情况下，吞吐可以认为等于延时的倒数，此时吞吐的计算公式为

$$Throughput = \frac{1000}{Latency}$$

在 practice/python/infer.py 文件中，添加了计算吞吐和延时的代码逻辑：使用变量 *start* 和 *end* 分别记录推理一张图像前后的时间戳，推理 N 张图像的总时间 *total_time* 则根据变量 *start* 和 *end* 计算而来。在该文件中，可以预测 N 张图像，预测完成后计算模型的平均延时和平均吞吐。

5.10
卷积计算优化

如第 5.8 节所述，如果将 practice/python/infer.py 文件中的 use_opt 变量设置为 True，则会启用卷积的优化版本。在 ops/conv2d.py 文件中存在两个版本的卷积实现，分别为 conv2d 和 conv2dOpt，前者为卷积实现的原始版本，后者为卷积实现的优化版本。两者的主要区别在于后者使用了 np.vdot 函数来优化卷积中的

乘累加运算。

np.vdot 是 numpy 库提供的一个函数，用来计算两个向量的内积。假设存在两个向量 *a* 和 *b*，其中，$a = [1,2,3], b = [4,5,6]$。可以使用 np.vdot 函数计算这两个向量的内积。

```python
import numpy as np
a = np.array([1,2,3])
b = np.array([4,5,6])
res = np.vdot(a, b)
```

上述代码调用 np.vdot 计算的是 $1 \times 4 + 2 \times 5 + 3 \times 6$ 的运算，这种运算与卷积运算中通道维度的乘累加运算是一致的。

因此，对于原始版本卷积中的乘累加操作，可以直接使用 np.vdot 来替代。主要的优化逻辑可以查看 practice/python/ops/conv2d.py 文件。

相比于原始版本的卷积，使用 np.vdot 实现的卷积在性能上可以有数十倍的提升。为什么 np.vdot 可以提升运算性能呢？事实上，numpy 作为一个广泛使用的科学计算库，它本身就提供了大量的数学运算函数，可以进行很多矩阵运算，计算的高性能便是 numpy 的一个优势。np.vdot 函数之所以具有计算的高性能，得益于以下几点：

① np.vdot 的底层实现是通过 C 语言来实现的　C 语言是一种更接近底层硬件的语言，它的执行速度非常快。调用 np.vdot 函数就意味着卷积中乘累加运算的实现利用了 C 语言，而不再是原始版本中利用 Python 标量做的乘法和加法循环。

② np.vdot 经过了大量的优化　numpy 中的很多函数都会复用高度优化过的线性代数库，这些库的代码实现是大量的科学家和编程人员，经过了大量的实战沉淀下来的，可以说是编程智慧的结晶。很多库为矩阵运算做了专门的优化，使其可以充分利用 CPU 的特性：如利用 SIMD（单指令多数据）指令集来加速运算，或者利用一些向量运算来做加速。

③ 多线程和并行计算　不少 numpy 函数可以自动利用 CPU 处理器的多核特性进行并行计算。在数据量较大时，numpy 函数很有可能会触发多核并行计算，从而进一步加速计算过程。

基于以上原因，np.vdot 作为一个高效的 numpy 接口，可以很好地完成一次基本的卷积性能优化任务。

本节利用 np.vdot 对卷积进行性能优化只是一个示例。该示例可以让帮助读者对 AI 算法或模型的性能优化有一个感性的认识。在第六章，我们将会使用 C++ 语言，持续对手写的模型进行性能优化。

Chapter

6

基于 C++ 优化模型

本章将基于 C++ 语言对手写的模型进行性能调优。

在第五章中，我们基于 Python 语言从零手写了 ResNet50 模型，并且经过验证，手写的模型可以达到很好的推理准确度。但比较遗憾的是，基于 Python 从零手写的模型，推理性能较差。即使在 5.10 节使用 np.vdot 函数进行了一次优化，其效果仍然达不到预期。因此，本章将使用 C++ 语言进一步优化模型的性能。

之所以不继续在 Python 实现的代码基础上进行优化，而是改用 C++ 语言对其进行优化，主要有以下几个原因：

一方面，Python 语言是一种高层次的语言，它不像 C/C++ 语言那样，可以非常容易完成硬件内存控制和指令控制。这就导致很多基于 Intel CPU 特性的优化很难使用 Python 语言来直接完成。

另一方面，如果确实要基于 Python 版本的模型进行优化，会导致优化方法走上"调用第三方库"的道路，比如在 5.10 节中直接调用 np.vdot 来优化卷积的乘累加运算，而这种"调用第三方库"的优化方法，与本书手写算法并进行模型优化的初衷并不一致。如果可以"调用第三方库"，那本书的代码完全可以使用 nn.conv2d 来直接完成卷积的实现。但这样做，会屏蔽很多实现细节，无法深入理解算法和模型的运行机制。因此，本书并不打算"调用第三方库"来完成模型的优化。

基于以上原因，本章在使用 C++ 对模型进行优化之前，实际上是使用 C++ 语言将第五章的 Python 代码进行了重写。经过测试发现，仅仅用 C++ 重写相同的逻辑，模型的性能就已经比 Python 版本的性能高出几十倍。

因为使用 C++ 对模型进行了重写，所以 C++ 的代码和 Python 的代码在目录结构上几乎保持一致。不同的是 C++ 项目需要先编译后运行，该部分内容在 6.5 节会详细介绍。

本章的行文逻辑为：6.1 节至 6.3 节会介绍 C++ 环境的配置、代码的目录结构以及 C++ 代码的使用。随后会重点介绍基于 C++ 版本模型进行的性能优化方法，分别是计算向量化、权值预加载优化、内存优化以及多线程优化。在每次优化完成后，都会使用吞吐和延时指标对优化过的模型进行性能评估，以确保每次都是正向性能优化。

6.1
C++ 环境配置

在使用 C++ 代码之前，需要先配置一个可用的 C++ 环境。本章 C++ 的开发环境仅仅依赖于 OpenCV 库，用于完成图像的加载和预处理操作。

在 Linux Ubuntu 的开发环境下，可以使用以下命令安装 OpenCV 以及相关的软件包：sudo apt-get install libopencv-dev python3-opencv libopencv-contrib-dev。

关于 OpenCV 的介绍，可以查看附录的相关内容。

如果你是 Windows 或 MacOS 系统的开发者，同样需要在自己的 IDE 开发环境中配置 OpenCV 环境。本书配套代码是基于 Linux Ubuntu 进行的开发，因此建议读者切换至 Linux Ubuntu 环境中进行开发和调试。可以参考附录中的方法，在 Windows 上快速安装 Linux Ubuntu 子系统来进行代码调试。

6.2
C++ 目录简介

本书配套代码的 C++ 代码在 practice/cpp 目录下。

在 cpp 目录下存在以数字开头的 5 个目录，例如 1st_origin 目录为使用 C++ 重写 Python 模型的第一版代码，2nd_avx2 目录为第一版代码的基础上，利用 AVX2 指令集进行向量优化的代码。其他目录也是类似的逻辑，每一版本都在前一版本的基础上进行了优化。cpp 目录下的每一个版本代码是独立运行的，互相之间没有依赖关系，读者可以放心地在各自版本目录下进行调试。

下面以 1st_origin 目录为例说明各版本目录下的代码结构。

① ops 目录　该目录下为 ResNet50 模型核心算法的 C++ 实现，该目录的作用与 python/ops 目录一致。

② resnet.cc 和 resnet.h　这两个文件实现了 ResNet50 模型结构的搭建，类似于 Python 代码中 Resnet 类的功能。resnet.h 是 resnet.cc 中函数的声明文件。

③ main.cc　该文件是 C++ 代码的主入口文件，该文件会调用 resnet.h 中声明的函数。

④ compile.sh 和 CMakeLists.txt　这是 Linux Ubuntu 系统下，C++ 代码的编译脚本。

除此之外，在 cpp 目录还存在以下文件：label.h 文件为训练样本的分类文件，类似于 Python 代码中的 imagenet_classes.txt。utils.h 文件中实现了图像的加载、图像预处理以及推理结果展示的逻辑。

cpp 代码中还提供了一些脚本供调试使用。如 .clang-format 是 C++ 代码规范化的配置文件，可使用 clang-format 命令对 C++ 代码进行规范，例如调整空格缩进、代码对齐等。format.sh 为脚本文件，会直接调用 clang-format 对项目中的所有 C++ 文件代码的编码风格进行规范。clear.sh 文件用于删除 C++ 项目中的编译缓存。

6.3
C++ 代码使用

C++ 代码执行的流程是先编译后运行，这与 Python 代码直接执行是有区别的。

在 Linux Ubuntu 系统下，以 cpp/1st_origin 目录下的 C++ 代码为例（其他目录的使用方法一致）。在该目录下执行以下命令即可完成代码的编译：

bash compile.sh 或 ./compile.sh

编译完成后，会在当前目录下生成名为"resnet"的可执行文件。如果要运行模型进行推理，需要在当前目录下执行以下命令：

./resnet

执行完上述命令后，程序会自动加载 pics 目录下的图像进行推理，并显示推理结果，最后会显示模型的性能数据。

cpp/1st_origin 为未经优化第一版 C++ 代码，在笔者使用的笔记本电脑上进行测试，得出的性能数据如表 6-1 所示。

表6-1　得出的性能数据

平均延迟	平均吞吐量
16923 ms	0.059 fps

需要说明的是，性能数据与电脑配置以及运行模型时的负载有关系，不同的环境测试出的数据不同。因此，本书给出的性能数据并不能代表读者测试的性能数据。在本书后续每一版本的性能评估中，读者只需要关心当前版本与前一版本性能提升的相对大小即可，无须关心绝对数值。

除此之外，C++ 代码对权值的加载、图像的预处理以及结果展示的处理逻辑与 Python 代码保持一致。读者可以参考 practice/cpp/utils.h 中相关的函数实现，这里不再赘述。

6.4
计算向量化

本节将会介绍基于 C++ 搭建的 ResNet50 模型的第一种优化方法：计算向量化。在此之前，先了解一下什么是向量计算。

6.4.1 什么是向量计算

向量计算是一种常见的计算优化方法。通俗地讲，就是让计算机处理器在进行相关计算时，同一时间可以计算多组数据，而不是逐一处理单个数据，这样可以大幅提高计算效率。

计算向量化的概念，在某种程度上和线性代数中的向量运算有点类似，例如向量的内积运算，它处理的是整个向量的运算。在计算机实现这种运算时，需要依赖底层硬件对于向量指令的支持。

在 Python 中，numpy 便是一个常用的向量化计算工具。它提供了大量的数组操作和函数，可以十分方便地执行向量计算操作。例如，在 5.10 节就曾使用 np.vdot 函数来优化卷积中的乘累加运算，np.vdot 函数就是一种向量计算函数。

再看一个例子，如果使用 numpy 数组完成以下操作：数组中的每个元素都乘以 2。则可以直接使用 array*2 来完成，这条命令实际上也是一种向量运算。

```
import numpy as np
# 创建包含10个整数的数组
arr = np.array([1,2,3,4,5,6,7,8,9,10])
```

```
#使用向量指令集执行加倍操作
result=arr*2
print(result)
```

numpy 计算之所以性能好、速度快，得益于 numpy 中的很多函数进行的大量优化。但是，np.vdot 函数仅可以认为是一条向量操作的函数或者语句，但不能说是一条向量指令。

本书中所述的向量指令，特指硬件处理器支持的向量指令。抛开 numpy 库中的向量语句，如果要使用 C++ 来实现向量运算，那应该如何来实现呢？

在 C++ 的基础语法中，如果要完成一次"数组逐元素乘以 2"的操作（这里抛开 STL 算法库的使用，因为 STL 算法库其实和 numpy 类似，也是经过了工程师们的大量优化），最容易想到的实现方法便是循环。例如，可以进行如下的 C++ 程序实现：

```
#include<iostream>
#include<vector>
int main(){
  // 创建一个包含10个整数的向量
  std::vector<int> vec = {1,2,3,4,5,6,7,8,9,10};
  // 使用循环迭代每个元素并加倍
  for (int i = 0; I < vec.size(); ++i){
    vec[i] *= 2;
  }
  // 打印结果
  for (int i = 0; i < vec.size(); ++i){
    std::cout << vec[i] <<" ";
  }
  return 0;
}
```

上述代码是 C++ 中常见的循环遍历操作：每次循环将数组中的一个元素乘以 2。这种实现方式属于标量计算，处理器每次循环实际上仅计算了一个元素。如果希望完成类似于 np.vdot 那种向量运算，使用循环遍历的方式是行不通的，这需要调用底层硬件支持的向量指令。

于是，便有了本节的优化：基于 AVX2 向量指令集进行计算向量化。

AVX2 指令集可以提供数据的向量计算，并且是真实硬件指令集，一条 AVX2 指令可以同时计算多个数据，从而提高计算的性能。

6.4.2　AVX2 指令集

AVX2（advanced vector extensions 2）指令集是 Intel 处理器的一种扩展功能，于 2013 年首次引入，名字中的 V，指的是 vector 也就是向量的意思，意为这是一种扩展的向量指令集。这种指令集是 AVX（advanced vector extensions）的扩展版，提供了更加丰富的功能，特别是在整数运算和数据重排方面。AVX2 扩展了处理器处理向量计算的能力，显著提高了数据处理速度和效率，尤其适用于高性能计算、图像处理、科学计算以及金融分析等领域。

AVX2 指令集拥有更宽的向量寄存器。AVX2 用的是 256 位的寄存器，相对于之前的 AVX 指令集的 128 位寄存器，它可以存放更多的数据，也就是说，在每个时钟周期内，可以同时处理更多的数据，从而提高并行计算性能。

现在很多比较新的 Intel 处理器还支持了 AVX512 指令集，它在 AVX2 的指令集上进一步扩展，用到的是 512 位的寄存器。同一时钟周期内，处理的数据量是 AVX2 指令集的 2 倍，又进一步提高了性能。

本节的优化仅使用 AVX2 指令集进行，不使用 AVX512 指令集。这里权且留个作业给感兴趣的读者，如果你所使用的硬件平台也支持 AVX512 指令集，可以尝试把代码中的 AVX2 指令集替换为 AVX512 指令集做一下测试，以验证对于神经网络模型性能提升的比例。

绝大多数带有 Intel CPU 的电脑都支持 AVX 系列指令集。你可以使用以下方法来查看电脑是否支持该指令集。

在 Linux Ubuntu 系统下，通过以下命令查看：

cat /proc/cpuinfo | grep avx2

在显示的信息中，如果存在 AVX2 字样，则说明该处理器支持 AVX2 指令集。

在 Windows 平台下可以借助 CPU-Z 工具来查看是否支持 AVX2 指令集。

6.4.3　向量寄存器

AVX2 指令集支持 256 位寄存器的计算，从而可以并行计算更多的数据。本小节介绍一下向量寄存器的基础，以便更好地利用向量寄存器进行基于该指令集的优化。

寄存器是计算机存储器的一种特殊形式，与常见的内存、硬盘或显存相比，寄存器在程序执行中承担着存储和处理数据的重要角色。尽管寄存器不被大多数用户所熟知，但它们对于开发者在进行程序设计时至关重要。如果寄存器配置得当，程序的性能可以得到显著提升。

寄存器是 CPU 中访问速度最快的存储器，直接参与计算过程。通常，CPU 中寄存器的数量相对较少，例如标准的 Intel 芯片大多配备有 64 位的寄存器，也就是说每个寄存器可以存放一个 64 位的整数数据。

以 Intel i7 CPU 为例，该 CPU 仅包含 16 个 64 位寄存器。在执行最简单的加法运算时，例如计算 1+1=2，可能需要使用三个寄存器：两个用于存放输入数据，另一个用于存放输出结果。这种类型的计算属于标量运算，所使用的寄存器被称为标量寄存器。

与标量寄存器不同的是，向量寄存器可以看作是标量寄存器的向量化版本。向量寄存器能够同时存储多个数据元素。例如，在 AVX2 指令集中，向量寄存器的位宽为 256 位，因此一个向量寄存器可以存放 32 个 8 位数据、16 个 16 位数据或 8 个 32 位数据。这种向量化的数据处理方式，可以十分高效地完成数据的并行处理，提高程序的运行性能。

图 6-1 为一个 256 位的向量寄存器示意图。该寄存器存储了 8 个浮点小数，每一个浮点数占用 32 位。

对比标量寄存器仅存储一个标量数据，向量寄存器可以存储多个数据。通过向量指令对于向量寄存器的操作，便可以完成向量化的运算操作。图 6-2 展示了两个向量寄存器中的数据进行加法运算。

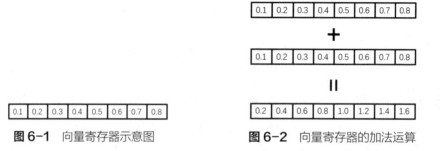

图 6-1　向量寄存器示意图　　　图 6-2　向量寄存器的加法运算

在 AVX2 指令集中，可以通过以下的代码来声明和定义一个向量寄存器：

```
__m256 data;
```

这和 C++ 语言通过 int data ; 的形式声明一个整数型变量的写法是类似的，只不过数据类型被声明为了 __m256，指明这是一个向量寄存器。

6.4.4 向量数据加载

在通过上一小节了解了什么是向量寄存器之后，本节来看一下如何完成数据在内存和寄存器之间的交互传输。为了更清晰地说明这个问题，这里将包含寄存器和内存的存储模型进行如图 6-3 所示的简化。

图 6-3 寄存器和内存交互示意图

将数据从内存加载到寄存器中的操作称为 Load 操作，相反将数据从寄存器写回到内存中的操作称为 Store 操作。

在 AVX2 指令集中，将数据从内存加载到向量寄存器的 Load 操作，可以调用 _mm256_loadu_ps 指令来实现，示例代码如下：

```
// 定义存有8个浮点型数据的数组，此时变量data是存在于内存中的
float data[8]={0.1,0.1,0.1,0.1,0.1,0.1,0.1,0.1};
// 定义一个256位的向量寄存器，可以存放8个32位的浮点数
__m256 data_reg;
// 使用AVX2指令集的_mm256_loadu_ps指令，将数据从内存中Load到向量寄存器中
data_reg  = _mm256_loadu_ps(data);
```

通过以上简单的三条语句，便可以完成数据从内存到向量寄存器的 Load 操作。将数据从向量寄存器 Store 回内存，同样可以使用如下三条语句来完成。

```
// 定义可存放8个浮点型数据的数组，用于接收向量寄存器中的数据
float data[8];
// 定义一个256位的向量寄存器，里面存放有8个32位的浮点数
__m256 data_reg;
// 使用AVX2指令集的_mm256_storeu_ps指令，将数据从向量寄存器Store回内存中
_mm256_storeu_ps(data, data_reg);
```

在执行上述 Store 操作之前，需要确保 data_reg 中的数据是有效的。一般而

言，data_reg 中的数据是其他向量指令操作的结果。

Load 和 Store 操作看似简单，但这两条指令充当了数据在内存和向量寄存器之间交互的桥梁。如果在 C++ 的程序开发中，希望对某计算操作进行向量化加速，都需要使用对应的 Load 和 Store 指令完成数据在向量寄存器和内存中的交互。因此，这两条语句在进行向量化操作时必不可少，也是区分基于传统 C++ 的标量计算和使用向量指令集进行加速计算的标志。

需要说明的是，完成 Load 和 Store 操作的指令并不仅仅只有上述示例中展示的指令。在不同的处理器、不同的数据类型的情况下，需要使用不同的 Load 和 Store 指令来完成数据的加载和写回。图 6-4 展示了 Intel 官网给出的 AVX2 指令集中不同类型的 Store 指令，在使用向量指令进行编程时，建议查看指令集说明文档，选择合适的指令来使用，防止由于指令使用错误造成计算出错。

```
void _mm_maskstore_epi32 (int* mem_addr, __m128i mask, __m128i a)
void _mm256_maskstore_epi32 (int* mem_addr, __m256i mask, __m256i a)
void _mm_maskstore_epi64 (__int64* mem_addr, __m128i mask, __m128i a)
void _mm256_maskstore_epi64 (__int64* mem_addr, __m256i mask, __m256i a)
void _mm_maskstore_pd (double * mem_addr, __m128i mask, __m128d a)
void _mm256_maskstore_pd (double * mem_addr, __m256i mask, __m256d a)
void _mm_maskstore_ps (float * mem_addr, __m128i mask, __m128 a)
void _mm256_maskstore_ps (float * mem_addr, __m256i mask, __m256 a)
void _mm256_store_pd (double * mem_addr, __m256d a)
void _mm256_store_ps (float * mem_addr, __m256 a)
void _mm256_store_si256 (__m256i * mem_addr, __m256i a)
void _mm256_storeu_pd (double * mem_addr, __m256d a)
void _mm256_storeu_ps (float * mem_addr, __m256 a)
void _mm256_storeu_si256 (__m256i * mem_addr, __m256i a)
void _mm256_storeu2_m128 (float* hiaddr, float* loaddr, __m256 a)
void _mm256_storeu2_m128d (double* hiaddr, double* loaddr, __m256d a)
void _mm256_storeu2_m128i (__m128i* hiaddr, __m128i* loaddr, __m256i a)
void _mm256_stream_pd (void* mem_addr, __m256d a)
void _mm256_stream_ps (void* mem_addr, __m256 a)
void _mm256_stream_si256 (void* mem_addr, __m256i a)
```

图 6-4 AVX2 指令集中不同的 Store 指令

6.4.5 利用 AVX2 优化卷积

在了解了 AVX2 向量指令集的 Load 和 Store 操作后，本小节将使用 AVX2 向量指令集对卷积运算进行优化。

之所以对卷积进行优化，这是因为在 ResNet50 模型中，卷积运算的计算量占比是最高的，并且推理延时占比也是最高的。

卷积的核心计算逻辑是通道维度的乘累加运算，如果可以将乘累加运算进行向量化，那么整个卷积的计算性能就会有大幅度的提升，从而提高整个模型的推理性能。

幸运的是，AVX2 指令集中提供了关于向量寄存器的乘法操作。下面是使用 AVX2 指令集完成向量乘法的运算过程。

首先，利用 Load 指令将数据从内存加载到向量寄存器中。该步骤需要执行两次，分别对乘法运算的左操作数和右操作数执行 Load 操作。

然后，调用 __mm256_mul_ps 指令完成这两个向量的乘法运算，将计算的结果写回到第三个向量寄存器中。

最后，对乘法的结果写回到内存中。

将上述逻辑写成伪代码如下：

```
// 定义3个向量寄存器，分别存放乘法运算的左输入和右输入以及结果
__m256 lhs_val，rhs_val, res;
// 将输入特征图中的数据 Load 到左输入寄存器中
lhs_val = _mm256_loadu_ps(input_feature_map);
// 将权值数据 Load 到右输入寄存器中
rhs_val = _mm256_loadu_ps(weight);
// 调用 __mm256_mul_ps 指令，完成左输入和右输入的乘法运算
// 将结果放在 res 向量寄存器中
res = __mm256_mul_ps(lhs_val, rhs_val);
```

由于在卷积运算中，需要累加的数据为特征图的通道维度，在 ResNet50 模型中，通道维度除了第一层卷积为 3 之外，其余层的卷积输入通道维度都大于 64 的。但 AVX2 单个向量寄存器最多存放 8 个浮点数，因此，对于通道维度大于 8 的卷积运算，需要进行拆分计算。

在图 6-5 所示的代码片段中，定义 AVX2 每次执行向量计算时所能处理的数据个数 vec_size = 8。每次从内存中 Load 8 个浮点数进行向量计算。

```
// 利用AVX2 向量指令集完成卷积的乘累加操作
const int vec_size = 8;  // 一个256bit的向量寄存器可以存放 8 个 float 数据
for (int kh_idx = filter_h_start; kh_idx < filter_h_end; kh_idx++) {
  const register int hi_index = in_h_origin + kh_idx;
  for (int kw_idx = filter_w_start; kw_idx < filter_w_end; kw_idx++) {
    const register int wi_index = in_w_origin + kw_idx;
    __m256 in_vec,
        weight_vec;  // 这是两个向量寄存器, 长度为 256bit, 可以存放 8 个float数据
    for (int ci_ = 0; ci_ < ci; ci_ += vec_size) {
      // 将输入和权值load到向量寄存器中
      in_vec = _mm256_loadu_ps(&img[hi_index * wi * ci + wi_index * ci + ci_]);
      weight_vec = _mm256_loadu_ps(&weight[co_idx * kernel * kernel * ci +
                                      kh_idx * kernel * ci + kw_idx * ci + ci_]);
      // 向量乘
      in_vec = _mm256_mul_ps(in_vec, weight_vec);
      // 对乘的结果进行累加操作
      float* acc_ptr = (float*)&in_vec;
      for (int i = 0; i < vec_size; i++) {
        acc += acc_ptr[i];
      }
    }
  }
}
out[ho_idx * wo * co + wo_idx * co + co_idx] = acc;
```

图6-5 拆分计算代码片段

卷积优化的完整代码可以在配套代码的 practice/cpp/2nd_avx2/ops/conv2d.cc 中进行查阅。

6.4.6　性能评估

在使用 AVX2 指令集完成卷积的优化后，本小节评估一下优化效果。

在相同的运行环境下，首先在 practice/cpp/1st_origin 目录下编译代码并运行，C++ 代码的编译和运行参考 6.3 节。随后在 practice/cpp/2nd_avx2 目录下执行同样的编译和运行操作。

待程序运行完成后，屏幕上会出现模型推理的延时数据。表 6-2 展示的是使用 AVX2 向量指令集优化卷积运算前后模型的性能对比数据。

表6-2　使用AVX2指令集优化卷积运算前后性能对比

名称	1st_origin	2nd_avx2	性能提升百分比
吞吐 Throughput	0.059fps	0.201fps	340%
延时 Latency	16923 ms	4973ms	

可以看到，在使用了 AVX2 向量指令集之后，模型整理的推理性能提升至340%。性能提升的来源仅仅是针对卷积中的乘法运算做了向量化操作。

注意，在进行模型的推理性能测试时，可以同时关注推理的结果。在使用 AVX2 指令集优化卷积后，模型推理 pics/Gou.jpg 图形的输出结果如下：

```
Predict : ../../pics/Gou.jpg
>>> Result:
top 1 13.1035 -> Index=[258], Label=[Samoyed, Samoyede]
top 2 9.43119 -> Index=[259], Label=[Pomeranian]
top 3 8.05146 -> Index=[257], Label=[Great Pyrenees]
top 4 7.92025 -> Index=[261], Label=[keeshond]
top 5 7.91216 -> Index=[104], Label=[wallaby, brush kangaroo]
```

结果显示 Top1 分类结果是萨摩耶（Samoyed），而事实确实如此（图6-6）。说明模型推理结果正确，并且使用 AVX2 的优化并没有影响模型的推理精度。

图6-6 pics/Gou.jpg 图像

6.5
权值预加载优化

本节开始介绍对手写 ResNet50 模型进行第二次优化，本次优化的内容为模型的权值预加载。将模型的权值在推理前进行预加载，可以大幅减少甚至消除模型在推理过程中冗余的 IO 或内存操作，降低推理延迟，大幅提高模型性能。本次优化对应为配套代码中的 practice/cpp/3rd_preload 目录。

6.5.1　权值加载

在开始这个优化之前，先通过介绍一些计算机的基础知识，来说明权值加载的做法，以及为什么可以做这个优化。

在 4.3.4 小节中曾经提到过冯·诺依曼架构，事实上现在许多计算机芯片的设计仍然是基于冯·诺依曼架构进行的。

冯·诺依曼架构的特点，总结下来可以这么理解：计算部件和存储部件的分离。

所以，计算机 CPU 在执行运算时，首先要先将数据从存储器中加载到计算部件中，然后进行运算，运算完成后再将计算结果写回存储器中。

而数据在存储器和计算部件之间加载和写回会消耗大量的性能，尤其是对于权值比较大的神经网络模型而言。

在本书的手写 ResNet50 模型中，模型的权值存储在了文本文件中，可以认为是在硬盘中。模型在进行推理时，每次都需要将权值从硬盘的文本文件中读入，然后参与计算。文本文件的读入是通过 LoadTxt 接口完成的，该接口主要进行的是数据在内存和硬盘之间的交互，非常影响推理性能。因此，本节就针对这一点进行优化。

需要说明的是，本节的优化内容在实际模型部署中是有现实意义的。

在很多时候，无论对模型进行开发还是部署，经常会面临一个问题，那就是如何优化模型权值的存放策略。

通过一个例子来说明这个问题。

假设运行神经网络模型的芯片搭载的内存为 16GB。如果模型的总权值小于16GB，此时便可以将模型的权值全部加载到内存中，从而在模型进行推理的过程中，直接从内存中取用权值进行运算，此时模型的推理性能是较好的。

但如果模型的权值大于 16GB，那很明显无法一次将权值全部加载到内存中。在这种情况下，模型的权值可能要分批来进行加载，多余的权值可以放在硬盘中。

而如果一个芯片搭载的内存仅仅为 64MB，而模型的权值又很大，那么需要将权值分更多的批次依次加载来完成运算。

前面已经说过，数据加载是很消耗时间的，且该时间与加载数据的通路的带宽有关系。因此，为了优化权值加载带来的多余时间开销，目前很多 AI 框架或者 AI 编译器，在对模型进行部署之前，都会通过编译的技术来对此进行优化。这些 AI 编译器对此优化的思路大致是：依据模型参数的大小、运行芯片的存储容量以及加载权值时数据通路的带宽来制定动态的权值加载优化策略，包括如何进行权值拆分和动态加载才能达到最大限度、如何进行权值数据在内存中的驻留或复用、如何平衡权值加载和计算单元之间的延时开销以达到两者平衡等，从而保证一份非常大的权值在面对很小内存容量的情况下，可以达到系统推理的最佳性能。

这里希望表达的意思是，权值在模型运行期间的动态加载的过程，在实际模型部署是较难接受的。因此，如果资源充足（内存够用），一定要对权值进行预加载优化。

所谓的预加载，就是在模型运行之前，尽可能地将模型需要的权值参数加载到计算部件需要的内存中去，使模型在计算时可以直接取用权值。

6.5.2　预加载操作

对本书手写的 ResNet50 模型而言，我们应该如何完成权值预加载优化呢？该过程大概可以分为以下几步来完成。

首先，申请足够大的内存来存放模型的权值，这一步模拟的是芯片拥有足够的计算内存来存放模型权值。之所以可以这么做，是因为本书的代码是基于 Intel CPU 来实现的，一般电脑或者服务器中的内存都是以 GB 级别来计算的。对于 ResNet50 模型而言，内存是足够的。因此我们可以申请一块足够大的内存来存放模型的权值。

然后，将模型的权值加载（复制）到预先申请好的大内存中，并且保持在推理过程中，这些内存中的权值数据是只读的，不会被修改。这一步模拟的是一些芯片采用的权值驻留操作。

最后，运行模型进行推理。当运行到某一需要权值的层时，直接从已经加载好的内存中取用权值进行推理计算。

具体到本书的代码中，是通过以下方式来实现的。

首先，预申请足够大的内存。在 practice/cpp/3rd_preload/resnet.cc 中定义一

个全局变量 __global_params，该变量为 map 类型的数据结构。其中，key 存放的是模型中含有权值的层的名字，类型为字符串，key 的命名方式与 5.5.2 小节中保存权值时的命名方式保持一致，以确保整个模型中层的名字具有唯一性，value 为一个内存指针，指针指向申请的内存地址，且该地址上存放了该层对应的权值。

```
std::map<std::string,void*> __global_params;
```

在上一版本（2nd_avx2）的基础上，在模型推理之前，预先运行一遍模型，在运行的过程中，将每一层的权值从文本文件中加载进来，然后存放在全局变量 __global_params 中。

这一步的实现很简单，因为文本文件中的数据都是通过 LoadData 接口来实现的，因此修改一下 LoadData 接口即可，修改逻辑如图 6-7 的代码片段所示。

```
25  // 模板函数，用于从文件加载数据
26  // 该函数在预加载阶段调用，将 malloc 出来的内存 data 存放在 __global_params
27  // 中，这个过程模拟权值预加载。
28  template <typename T>
29  void* LoadData(const std::string& file_name, int len, bool is_float) {
30    T* data = (T*)malloc(len * sizeof(T));        // 分配内存
31    FILE* fp = fopen(file_name.c_str(), "r");     // 打开文件
32    // 遍历文件中的每一个元素
33    for (auto i = 0; i < len; i++) {
34      float x = 0;
35      auto d = fscanf(fp, "%f", &x);              // 读取文件中的浮点数
36      data[i] = is_float ? x : (int)x;            // 根据数据类型存储数据
37    }
38    fclose(fp);                                   // 关闭文件
39    __global_params[file_name] = data;            // 将数据存储到全局map中
40    return (void*)data;                           // 返回数据指针
41  }
42
```

图 6-7　修改 LoadData 接口的代码片段

LoadData 接口首先会调用 malloc 函数来申请一个内存 data，将文本文件中的数据加载到 data 中并且作为返回值返回。修改之后，申请的内存 data 会先赋值给 __global_params 变量。这样将模型预先运行一遍之后，__global_params 中

就存放了所有层的名字以及这些层对应的权值内存地址。

同时，在 practice/cpp/3rd_preload/resnet.cc 中，为了区分预先进行权值预加载的逻辑和真实运行模型的逻辑，封装了一个 PreLoadParams 接口。在执行推理之前调用 PreLoadParams 接口，调用完成后，__global_params 中就已经存放了所有层的权值地址。

模型的推理过程和上一版本保持一致，所有算法的计算逻辑没有变化，唯一的变化在于取用权值的地方。

以卷积层取用权值为例。

在优化前的 2nd_avx2 版本中，卷积的权值是通过如下方式取用的，注意图6-8 的代码中标注的部分。

```
14    // 模板函数，用于从文件中加载数据
15    template <typename T>
16    static T* load_data_from_file(const std::string& file_name, int len, bool is_float) {
17      // 动态分配内存以存储数据
18      T* data = (T*)malloc(len * sizeof(T));
19      // 打开文件
20      FILE* fp = fopen(file_name.c_str(), "r");
21
22      // 逐个读取数据
23      for (auto i = 0; i < len; i++) {
24        float x = 0;
25        fscanf(fp, "%f", &x);              // 读取浮点数
26        data[i] = is_float ? x : (int)x;   // 根据数据的类型进行转换并且存储
27      }
28
29      // 关闭文件
30      fclose(fp);
31      return data;   // 返回从文件中加载的数据
32    }
33
34    // 加载卷积层的权重
35    static float* load_conv_weight(const std::string& name, int len) {
36      // 构建权重文件的完整路径
37      auto file_name = "../../model/resnet50_weight/resnet50_" + name + "_weight.txt";
38      // 调用 load_data_from_file 函数读取权重
39      return load_data_from_file<float>(file_name, len, true);
40    }
```

图6-8 优化前的卷积层权值取用

可以看出，优化前，卷积的每一次计算都会调用一次 malloc 函数申请内存，同时打开文本文件，将文件中的权值读入到 malloc 出来的内存上。

如果一个模型有 N 个卷积层，就要执行 N 次 malloc 以及读取文件的操作，这些操作大都与计算无关，会降低模型的推理性能。

优化之后，卷积层读取权值变为如图 6-9 所示。

```
53    float* LoadCon2dWeight(const std::string& name, int len) {
54      auto file_name = "../../model/resnet50_weight/resnet50_" + name + "_weight.txt";
55      return (float*)__global_params[file_name];  // 从全局map中获取数据
56    }
```

图 6-9　优化后的代码

优化后取用权值的逻辑是直接从 __global_params 找到已经保存好权值的内存地址即可，省去了动态 malloc 和读取文件的操作，从而大大提升模型的推理性能。

其余层的优化也是类似的逻辑。

完整的优化代码可查看配套代码中的 practice/cpp/3rd_preload/resnet.cc 文件。

6.5.3　性能评估

本小节评估一下对模型进行了权值预加载优化之后的效果。

在相同的运行环境下，首先在 practice/cpp/2nd_avx2 目录下编译代码并运行，C++ 代码的编译和运行参考 6.3 节。随后在 practice/cpp/3rd_preload 目录下执行同样的编译和运行操作。

待程序运行完成后，屏幕上会出现模型推理的延时数据。表 6-3 展示的是使用权值预加载优化技术前后模型的性能对比数据。

表 6-3　使用权值预加载优化技术前后性能对比

名称	2nd_avx2	3rd_preload	性能提升百分比
吞吐 Throughput	0.201fps	1.159fps	576%
延时 Latency	4973ms	862ms	

可以看到在对模型使用权值预加载之后，模型的推理性能提升非常明显：优化前平均推理延时为 4973ms，优化后为 862ms，性能大概提升至 576%。

需要说明的是，在使用不同的机器以及不同环境下测出来的性能会有差异，读者仅需要对比对版本间的相对性能提升即可。

6.6

内存优化

本节开始对手写的 ResNet50 模型进行第三次优化，本次优化将移除模型推理路径上所有与内存操作相关的逻辑，进一步提升模型的推理性能。对应的代码为配套代码中的 practice/cpp/4th_no_malloc 目录。

6.6.1 内存申请机制

首先，介绍一下操作系统（Windows/Linux/MacOS 等）中的内存申请机制。

从操作系统的角度来看，内存申请大概需要经过以下几个步骤：

① 请求分配内存　当一个进程需要分配内存时，一般是通过系统调用或内存管理库函数（如 C 语言中的 malloc 函数）向操作系统发出内存分配请求，这个请求中包含了希望申请的内存的大小。

在 Python 这类的高级语言中，内存申请的过程被封装好了，用户几乎不感知类似过程的存在。

② 内存分配器进行内存分配　操作系统内部存在一个内存管理器，负责管理系统的物理内存（比如管理着电脑的 8G 内存的使用权限），该管理器会维护一个内存池，跟踪哪些内存块是已分配正在被其他程序使用的，哪些内存是空闲可以被使用的。

③ 执行分配策略　内存管理器使用特定的分配策略来决定为请求分配内存的进程分配内存块。在分配完内存之后，操作系统还需要确保每个进程使用的内存空间可以被正确地隔离和保护，以防止另一个进程意外地访问或修改此内存中的数据。

④ 内存释放　当进程不再需要某块内存时，它可以通过相应的系统调用或内存管理库函数（如 C 语言中的 free 函数）来释放内存，释放的内存块会被标记为空闲，以便后续进程可以使用。

⑤ 内存回收　操作系统的内存分配器需要定期进行内存回收，以合并相邻的空闲内存块，减少内存碎片化的问题。

⑥ 错误处理　如果内存申请失败（比如没有足够的连续内存块可供分配），操作系统需要返回错误代码或通知进程内存分配失败，申请内存的进程需要采取

适当的处理措施。

上述步骤是操作系统申请内存时必须经过的步骤。

所以，看似一个比较简单的内存申请过程，对操作系统而言其实要做很多事情，而其中的每一步都需要 CPU 处理器作出相应的响应和处理。

如果在神经网络模型的推理路径上存在很多内存申请和释放的操作，便会给操作系统增加很多的负担。如果频繁申请和释放小块的内存，则会很容易出现内存碎片，使得系统对内存的使用效率大大降低，同时降低的还有性能。

因此，对于神经网络这种密集计算的使用场景而言，减少一切与计算不相关的系统开销都是很必要的优化手段。

比如 6.5 节的权值预加载技术，便是将所有权值驻留在了一些内存块上，在推理过程中仅对权值进行读取，不会对权值进行频繁的内存申请和释放操作。权值预加载的优化效果也说明了这类优化具有很多好的效果。

接下来，便在权值预加载优化的基础上，继续深入内存优化，消除模型推理路径上的所有动态申请内存的操作，进一步提升性能。

基于已有的 C++ 代码逻辑，本节将会分别从以下两方面来进行内存的优化：第一个优化点是优化字符串的动态拼接过程；第二个优化点是优化计算过程中临时结果的动态内存分配。

6.6.2 字符串优化

在 C++ 语言中，字符串的拼接是一个动态的过程。这一过程会动态进行内存管理，如果字符串的数据量过大，就会不断地申请内存，从而造成程序运行的性能下降。

下面以一个简单的字符串拼接为例，简要说明一下这个动态申请内存的过程。

最初定义一个字符串时，假设定义 str1='Hello'，系统会在内存中申请一块地址用来存放字符串 Hello，这个申请内存的过程是在程序运行时进行的。

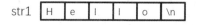

现在，要完成一个字符串的拼接。假设还有另一个字符串 str2='world'。

如果通过加法将两个字符串加起来，得到一个新的字符串 str3，那么系统会申请一块新的地址来存放 HelloWorld。

| str3 | H | e | l | l | o | W | o | r | l | d | \n |

如果拼接完 str3 之后，程序没有再继续使用 str1 和 str2，那么在超出 str1 和 str2 作用域之后，str1 和 str2 占用的内存空间就会被操作系统回收（字符串析构）。

在 C++ 实现的 ResNet50 代码中，存在使用字符串拼接来获取权值文件名的操作。这一部分过程是在执行推理时完成的内存动态操作。这类操作会损失一部分推理性能，因此有必要将其优化掉。

具体而言，之所以需要使用字符串拼接的过程，原因在于希望通过全网唯一的权值文件名，来正确地索引到权值文件。那么如果不使用字符串来索引，有其他办法来完成这个步骤吗？

在上一节权值预加载章节，我们在执行模型推理前，会预先运行一遍模型，然后将模型中的权值放在了一个全局的 map 结构中。该结构中的 key 便是字符串，value 为存放权值的内存地址。

因为模型的结构是确定的，因此模型中算法执行的顺序也是确定的。因此，如果按照固定的顺序将权值加载到全局变量 __global_weight 中时，将 key 由原来的字符串（文件名）改为序号索引，在取用权值时同样按照相同顺序的序号索引来进行，不就可以正确地取出权值来了吗？

基于这个原理，将代码中所有字符串拼接的过程消除，取而代之的是通过一个计数器来完成文件的标识。代码修改的代码逻辑可查看 practice/cpp/4th_no_malloc/resnet.cc 文件，图 6-10 展示的代码为依据计数器来取用权值。

```
52    // 获取卷积层权重的函数
53    float* LoadCon2dWeight() { return (float*)__global_weight[out_cnt++]; }
```

图 6-10 依据计数器来取用权值

如此一来，便可以将模型推理过程中与权值文件名相关的字符串拼接操作全部优化掉。

6.6.3 动态内存优化

除了可以将字符串拼接的过程进行优化外。在 C++ 实现的 ResNet50 代码中，还存在一处动态申请内存的操作也可以进行优化。那就是算法实现时，对于每一层的输入或输出特征图都是采用了动态申请内存的方式来存放数据的。如在 3rd_preload/ops/conv2d.cc 文件中，卷积计算的函数中存在对于输出特征图的 malloc 行为。

为了优化类似的内存行为，本小节采用一种全局内存复用的方法。将每一层算法中动态分配的内存操作去掉，取而代之的是使用全局申请好的内存进行交替复用。具体实现的逻辑如下。

由于模型中的数据在推理过程中存在一个特点，那就是上一层的输出是下一层的输入。因此对于一个特定的计算而言，至少需要同时存在两块全局内存，一块存放输入特征图，一块存放输出特征图。通过对 ResNet50 的网络结构进行分析后发现，网络中还存在残差连接结构。在残差的结构中，捷径的原始输入会一直驻留，直到残差结构左侧 $F(x)$ 函数计算完成，然后与之相加（可查看 4.5 节）。因此，在使用全局内存进行优化时，需要预先申请 3 块足够大的内存，来交替存放所有层的输入和输出特征图。

在 practice/cpp/4th_no_malloc/main.c 文件中，执行推理之前预先分配了 3 块大小为 8MB 的内存块。这里申请的内存大小为 8MB，是计算 ResNet50 模型中所有层的输入和输出特征图的大小，计算得出最大的内存需求也不会超过 8MB，因此这里申请了足够大的内存块。

```
// 分配全局内存空间
void* __global_mem_main0 = malloc(8 * 1024 * 1024);
void* __global_mem_main1 = malloc(8 * 1024 * 1024);
void* __global_mem_temp = malloc(8 * 1024 * 1024);
```

在实际优化过程中，使用 __global_mem_main0 和 __global_mem_main1 来交替作为每一层的输入和输出，使用 __global_mem_temp 来保存残差连接中高速公路的输入数据。

以上 3 块全局内存，在模型推理完成后，会统一释放，由操作系统回收。

这里说明一下，笔者在从业期间进行过多次神经网络模型的性能优化任务。以内存复用为基础的优化手段往往会有非常好的效果。一般而言，在追求极致性能的时候，如果系统的内存足够，可以预先申请一块足够大的内存来存放数据（包括权值这类常量数据以及每层输入或输出这类动态数据）。通过提前计算好每一层中数据在大内存中的起始地址，利用指针的偏移便可以快速完成该层数据的读取，这种优化方法体现了空间换时间的优化思想。

6.6.4　性能评估

本小节评估一下对模型消除所有动态内存操作后性能提升的效果。

在相同的运行环境下，首先在 practice/cpp/3rd_preload 目录下编译代码并运行，C++ 代码的编译和运行参考 6.3 节。随后在 practice/cpp/4th_no_malloc 目录下执行同样的编译和运行操作。

待程序运行完成后，屏幕上会出现模型推理的延时数据。表 6-4 展示的是消除所有动态内存操作前后模型的性能对比数据。

表6-4　消除所有动态内存操作前后性能对比

名称	3rd_preload	4th_no_malloc	性能提升百分比
吞吐 Throughput	1.159fps	1.347fps	116%
延时 Latency	862ms	742ms	

可以看到在对模型进一步进行内存优化后，模型的推理性能又有了一定的提升，优化前的推理延时为 862ms，优化后为 742ms，性能大概提升至116%。

此次优化相比之前的优化提升不明显，是因为本次优化的动态内存神经过程并不是很多，而且此时内存的动态管理也并非整个模型推理的性能瓶颈。但依然可以看出，在消除掉所有动态内存操作后，模型的性能仍然是有提升效果的。

需要说明的是，不同的机器以及不同环境下测出来的性能会有差异，读者仅需要对比对版本间的性能提升的相对值即可。

6.7

多线程优化

本节开始对手写的 ResNet50 模型进行第四次优化，也是本书的最后一次优化。本次优化将使用多线程编程技术对计算密集型的运算（如卷积）进行加速，进一步提升模型的推理性能。对应的代码为配套代码中的 practice/cpp/5th_mul_thread 目录。

6.7.1　多线程简介

多线程是一种并发编程技术，它可以让程序同时执行多个线程，提高程序运行的并发度。

在开始进行多线程优化之前，将先介绍一下相关的概念。主要涉及的是进程和线程的概念。

对于进程的理解，可以简单地认为进程是计算机中运行的一个独立的应用程序。它拥有自己的内存空间、系统资源和执行路径，每个进程通常是一个操作系统级别的任务。比如在电脑上打开 QQ 软件进行聊天，那么此时打开的 QQ 应用就是一个进程。该进程独立于其他进程运行，并具有自己的资源和内存空间。

而线程则是进程的一种执行单位。一个进程可以包含多个线程，线程共享进程的资源（如内存空间），但有自己的独立执行路径。如果在一个 QQ 账户下与多人进行聊天，那么可以理解为 QQ 进程内的多个线程在同时处理这些聊天会话，这样可以实现更高的并发性和处理性能，因为多个线程可以并行执行聊天任务。

对应到 C++ 实现的 ResNet50 模型中，当我们执行 "./resnet" 命令进行模型的推理时，实际上就在操作系统中开启了一个进程。

在没有进行多线程编程的情况下，resnet 文件默认仅使用一个线程进行计算。如果使用的 CPU 是多核，那么可能仅仅用到了一个 CPU 核，计算资源并没有被充分利用。而多线程编程则可以使程序充分地使用多个 CPU 核进行并行计算。

目前大部分的电脑芯片其实都是多核架构，因此对于一些计算密集型的任务而言，如果不使用多线程进行优化，那么就相当于在浪费宝贵的 CPU 资源。

多线程编程的核心思想，是把一个大的计算任务拆分成多个小的计算任务，每个小任务占用一个线程独立进行工作。

在使用 GPU 进行模型加速时，其实就是使用了一种多线程编程的思想。GPU 拥有众多的计算核心，每个计算核心都可以独立处理数据以完成计算。对于一些复杂的计算任务，通过一些友好的拆分规则将大的计算任务变成一些小的任务，从而运用 GPU 的多核架构进行计算，便可以得到远超传统 CPU 的性能。在其他条件不变的前提下，GPU 核心数越多，其运行性能越好，也是类似的道理。

这就要求在将大任务拆分成小任务时，拆分的数据之间最好是独立的。如果数据不独立便会造成线程之间存在数据依赖关系，那么完成一个大任务就需要进行线程间的数据同步。如此一来可能会出现多线程编程的性能不如预期的情况发生。

因此，如果要使用多线程编程，首要的任务便是把大任务拆分成小任务。在进行拆分之前，需要根据算法来区分哪些数据是独立可拆分的，哪些数据是不可拆分的，如此一来便可以将可拆分的数据放到不同的线程中来计算。

下面看一个数据拆分的例子。

假设要实现如下算法：给定一个二维数组 $a[2][2] = \{\{1,2\},\{3,4\}\}$，要求将最低维度的数据进行累加，得到一个数值。

因为数据很少，可以很容易地计算出结果为 $res[2][1] = \{\{3\},\{7\}\}$。

现在希望使用两个线程对上述计算进行编程，该如何拆分这个数组来完成计算呢？

稍微思考一下就会得出结论，让第一个线程计算 $a[1][2] = \{\{1,2\}\}$ 的累加和，得到结果 3，然后让另一个线程计算 $a[1][2] = \{\{3,4\}\}$ 的累加和，得到结果 7。

而不是让一个线程计算 $a[2][1] = \{\{1\},\{3\}\}$，让另一个线程计算 $a[2][1] = \{\{2\},\{4\}\}$。

这是因为前者在高维度进行了数据拆分，每个线程独立一份。后者则将低维度进行了数据拆分，每个线程独立一份。

因为该例子中要求对数组的低维度进行累加，因此需要确保每个线程中的低维度数据是完整的，这样才能在独立的线程中完成累加运算。否则，一旦将最低维度的数据拆分到多个线程中（如后者），要想完成累加，就需要进行线程间的数据交互了。

因此，可以得出在使用多线程编程进行数据拆分时的一个原则是：在线程间拆分算法上可独立的数据维度，而不拆分在算法上具有数据依赖的维度。

在了解了多线程编程的概念和数据拆分原则后。下面将使用多线程编程技术来优化卷积运算。在开始之前，先提出一个问题，卷积运算中的数据存在很多个维度（hi、wi、ci、ho、wo、co、kh、kw），那么对于卷积算法而言，进行多线程编程拆分哪个维度是最合适的呢？

6.7.2 卷积的多线程拆分

卷积运算的核心是乘累加运算。这里的乘累加运算，就是将卷积核 $[kh,kw]$ 范围内的数据与对应的 $[hi,wi]$ 范围的数据在输入通道 ci 维度上进行相乘，然后累加成一个数据作为最终输出（参阅 4.1.4 小节）。一般而言，hi、wi、ci、kh、kw 这些维度的数据会参与累加运算，因此可以称为卷积的累加维度。

因此在卷积算法中，这些维度便是存在数据依赖的维度。如果对这些维度进行线程间的拆分，势必会引入线程间额外的数据通信。

按照上一小节提出的数据维度拆分原则，尽可能不要在存在数据依赖的维度上进行线程间的数据拆分。因此，除了这些累加维度外，卷积的运算中还存在 ho、wo、co 这几个维度可以考虑拆分。

但是，根据 4.1.10 小节中描述的卷积在高度和宽度方向的计算公式可以看出，ho 和 wo 两个维度与 hi 和 wi 存在依赖关系。因此，一旦切分了 ho 或 wo 维度，那么会使得 hi 和 wi 维度也要做对应的拆分，这就回到了拆分累加维度的情况了。

因此，卷积运算还剩下最后一个维度，那就是输出通道的维度 co。

该维度可以进行线程间的拆分。

首先，该维度在卷积核的表示中位于最高维，如将卷积核的形状表示为 $[co,kh,kw,ci]$，此时 co 代表的是卷积核的个数，每个卷积核之间是相互独立的。

其次，co 在输出特征图中代表输出通道数，输出通道数与输入通道数没有关系，又因为是输出维度，因此不存在计算的依赖问题。因此 co 维度可以看作是一个独立可拆分维度。

经过上述分析，得出的结论是：卷积在多线程编程中的拆分维度最好是 co 维度。

下面便将卷积的 co 维度拆分到多个线程中进行计算。

在 C++ 的多线程编程语法中，可以使用 std::thread 函数来完成多线程编程。下面是使用 std::thread 的一个示例。

```cpp
// 首先获取硬件支持的最大线程数
// 这里也可以自己设置为2或者4，代表希望执行的线程数
// 线程数最好不要超过硬件支持的最大线程数
int pro_num = std::thread::hardware_concurrency();
// 定义多线程数组
std::vector<std::thread>threads;
// 将co拆分到多个线程中，计算每个线程处理的co数量
int co_per_pro = co/pro_num;
// MulProcess是一个函数，接收一个线程id，以及每个线程处理的co数量
for (int id = 0; id < pro_num; id++){
  threads.push_back(std::thread(MulProcess, id, co_per_pro));
```

```
}
// join是线程对象的成员函数，用于阻塞当前线程，直到当前线程执行完毕
for (auto& it : threads){
  it.join();
} // 程序执行到这里，就代表所有线程的计算执行完成了
```

本次优化的代码，可以查看 practice/cpp/5th_mul_thread/ops/conv2d.cc 文件。

为了实现对卷积在 *co* 维度拆分的多线程编程，该文件在上一版本的基础上进行了如下修改：

首先，将卷积计算的核心逻辑封装到的 MulProcess 函数中，然后进行修改：

① 卷积在 *co* 维度的循环次数，由原来的 *co* 变成了每个线程处理的 co_per_proc。

② 从权值中取 *co* 维度数据以及往输出特征图 *co* 维度写数据时，需要根据当前线程 id 以及每个线程处理的 co_per_proc 来计算读写位置。

③ 其他的逻辑和 practice/cpp/4th_no_malloc/ops/conv2d.cc 中的完全一致。

仅仅上面的一些修改，再加上 std::thread 的相关操作，就完成了基于卷积在 *co* 维度切分的多线程编程优化。

需要说明的是，在 ResNet50 中，卷积计算占据了绝对的性能消耗，因此本书给出的优化示例仅针对卷积运算。读者可以尝试对全连接、加法以及激活函数的运算进行多线程编程，看是否有更好的性能提升效果。

6.7.3 性能评估

本小节评估一下对卷积运算进行多线程编程后性能提升的效果。

在相同的运行环境下，首先在 practice/cpp/4th_no_malloc 目录下编译代码并运行，C++ 代码的编译和运行参考 6.3 节。随后在 5th_mul_thread 目录下执行同样的编译和运行操作。

待程序运行完成后，屏幕上会出现模型推理的延时数据。表 6-5 展示的是对卷积运算使用多线程编程优化前后模型的性能数据。

表6-5 对卷积进行多线程编程优化前后性能对比

名称	4th_no_malloc	5th_mul_thread	性能提升百分比
吞吐 Throughput	1.347fps	3.433fps	255%
延时 Latency	742ms	291ms	

可以看到使用多线程编程优化后，模型的推理性能又有了较大幅度的提升，优化前的推理延时为 742ms，优化后为 291ms，性能大概提升至 255%。

需要说明的是，不同的机器以及不同环境下测出来的性能会有差异，读者仅需要对比对版本间的性能提升的相对值即可。

6.8
性能优化总结

在对使用 C++ 手写的 ResNet50 模型进行了 4 个版本的优化迭代后，模型在 CPU 上的性能也基本达到了预期。经过测试，在笔者使用的 CPU 平台上，完成一张图像的推理识别几乎感觉不到卡顿，并且推理结果也是正确的。

下面对这几个版本的性能优化作一个总结。

① 初始版本（1st_origin） 该版本的 C++ 代码实现并没有考虑性能问题，仅仅是按照 ResNet50 的算法和模型结构进行了实现，确保了该模型可以正确推理出一张图像，推理精度没有问题。以此作为基线版本，此后的版本都在此基础上进行优化迭代。

② 向量优化版本（2nd_avx2） 该版本利用 AVX2 向量指令集，对卷积的乘累加操作进行乘法的向量优化，从而提升卷积计算的速度。本次优化后，在相同的平台和测试环境下进行测试，较上一版本性能的提升约有 340%。

③ 权值预加载优化（3rd_preload） 该版本对模型的权值进行预加载操作。具体做法是：在模型推理之前，通过 std::map 存放模型中所有层的权值数据，并在推理时直接取用权值进行计算。减少权值从硬盘到内存的加载开销，从而大幅度提升模型推理性能。

本次优化后，在相同的平台和测试环境下进行测试，较上一版本性能的提升有 576%。

④ 动态内存消除优化（4th_no_malloc） 该版本在上一版本的基础上，进一步消除了模型推理过程中所有动态内存申请和释放、字符串拼接的操作。经过该版本的优化后，在模型的推理路径上，只有核心算法的计算，与计算无关的部分全部被优化掉。

本次优化后，在相同的平台和测试环境下进行测试，较上一版本性能的提升有 116%。

⑤ 多线程编程优化（5th_mul_thread） 该版本在上一版本的基础上，使用多线程编程的方式优化卷积运算。对卷积的 *co* 维度进行线程间的数据拆分，使用线程并行化的方式提升卷积的计算速度。

本次优化后，在相同的平台和测试环境下进行测试，较上一版本性能的提升有 255%。

总的来说，通过上述几个版本的性能调优，使手写的 ResNet50 模型不仅在精度上可以满足图像分类任务的要求，而且在 CPU 上的推理性能也有了大幅的提升。

模型的推理性能与运行模型的机器配置有关，也和运行模型时刻机器的负载有关。因此，本章中给出的性能数据并不能真实反映所有读者测试得到的数据，读者在使用自己的机器进行性能测试时，仅需要查看不同版本之间性能提升的百分比即可，以此为依据来判断性能优化方法的有效性。

AI视觉算法
入门与调优

PostScript 后记

本书主要介绍了计算机视觉入门的相关知识，重点是基于深度学习的计算机视觉。

本书从传统计算机视觉中的经典算法，到基于深度学习的计算机视觉中的经典算法，由浅入深地进行了算法剖析，并且依托 ResNet50 这一经典的图像分类模型，进行了代码实战以及模型的性能调优。

总的来说，在算法的原理介绍部分，本书力求以通俗易懂的方式来让读者明白算法的使用背景。因此，在很多章节会使用一些通俗的例子来辅助进行说明，这些例子有时从数学上来看并不严谨，但不妨碍读者通过这些例子对算法有一个具体的认识。

另外，在代码实战部分，本书使用 Python 和 C++ 两种语言从零手写了 ResNet50 模型，并以手写的模型为基础对模型的推理性能进行了优化。尤其是利用 C++ 手写的模型，在经过了 4 个版本的优化后，模型的推理性能有了大幅的提升。

因为性能优化部分是基于手写的模型来进行的，因此，模型最终的性能表现并不能和使用成熟框架（如 pytorch）直接运行模型的性能表现进行相比，即使是相同的硬件平台。这是因为诸如 pytorch 这种成熟的深度学习框架对很多算法都进行了大量极致的优化，且在模型实现的过程中，调用了很多高效的第三方库算法。

而本书对于模型的实现是不调用任何第三方库的。其目的是方便读者可以深度理解算法的运算过程，力求将最简单朴素的算法运算和模型结构展示给读者，这样也能学到更多算法的底层实现原理，而不至于看到一些第三方库的调用接口时手足无措。

以上是笔者对于本书内容的一个简单总结，希望本书的内容能够给读者带来收获。

接下来谈一谈笔者从业这些年对于 AI 行业的认知和展望。

事实上，无论是 AI 计算，还是其他学科的科学计算，都离不开以下几方面的内容：算法、芯片以及数据，这三方面有时也被称为 AI 发展过程中的"三驾马车"。

现在很多为人所熟知的 AI 算法，其实早在 20 世纪便已经出现了。但之所以之前 AI 没有像近些年这么火爆，主要还是被以下两方面制约住了。

第一是算力。AI 模型运算对算力的要求极高。在 GPU 走向 AI 行业之前，即使神经网络科学家们已经研究出了诸如反向传播算法来从理论上指导模型的训练，但是因为芯片算力不够，人们也无法真正完成深度神经网络的训练。此时 AI 的发展面临着一个问题，那就是算力不够，很多优秀的算法无法落地验证。

第二是数据。在互联网普及之前，人们很难获取到大量的训练数据集来对模型进行训练。暂且不论大语言模型对于训练数据的需求，就拿本书中提到的 ImageNet 数据集来说，该数据集中包含了 1000 万张各种类别的图像，在互联网普及之前，如此海量的训练数据是很难获取到的。

因此，限于以上两方面的原因，AI 的发展曾经陷入了"巧妇难为无米之炊"的局面。

巧的是，在 2010 年前后互联网普及了。大量的数据可以从互联网上免费获取，也正巧此时英伟达发布了 CUDA 编程，从此 GPU 开始助力 AI 的发展，此时 AI 对于算力的需求也基本上可以得到满足。

算力够了，数据有了，剩下的就是不断地去革新 AI 算法。所以近几年，可以看到 AI 算法不断被创新，一个又一个新的 AI 算法架构不断地被提出。这些创新的算法的应用，又进一步带动了 AI 芯片（如 GPU）的更新换代，使得 AI 的发展进入了快车道。

其实这里只想说一点：AI 绝对不是一个新鲜学科，很多经典的算法在很早就已经出现了。要想真正学好 AI，用好 AI，传统的计算机科学知识是必不可少的，尤其是希望从事 AI 高性能计算或算法优化的读者朋友。

笔者近些年一直在从事 AI 算法的优化工作，接触了不少 AI 模型，也在很多 ASIC 芯片上进行过模型的优化加速。

在接触的这些模型中，有些模型有着非常奇怪的分支结构，有些算法有着非常不常见的输入维度信息，甚至不少模型中还存在一些奇怪的自定义算法。在面对这些不常见甚至奇怪的算法时，为了将 AI 模型的性能调到最优，可以说是无所不用其极，从算法到软件再到硬件，所有方法几乎都会尝试一遍。

但是，有方法不代表一定会有效。

有些时候，在某一硬件平台上非常有效的优化手段，换到了另一个平台上就会失效。这主要是由于不同的硬件平台对于不同的特性支持是不一致的。例如，可以在 Intel 的 CPU 上使用 AVX2 指令集来做向量优化，但是如果换到 GPU 上就不行，因为它不支持这个指令集，需要使用其他的向量指令来优化。

正因为如此，目前来看，AI 模型的开发和优化技术会越来越朝着软件与硬件协同的方向去发展。

软件与硬件协同是什么意思呢？

可以这么理解，在进行硬件架构设计或者指令集设计时，就需要软件或者算法的工程师参与，而不是只有硬件工程师进行设计。软硬件人员一起设计芯片就要求硬件工程师懂算法和软件，软件和算法人员懂硬件结构。这样设计出来的芯片，在进行 AI 模型进行开发或者性能优化时，才可以做到有的放矢，发挥出硬件的最好性能，挖掘芯片的每一处潜能，从而获得更好的推理加速比。

这可能也是很多大厂（比如特斯拉）一直在自研芯片的原因。一方面是为了摆脱对芯片厂家的依赖，另一方面则是可以按照自己独有的算法定制芯片设计，使其可以更好地适应自己独有的算法，从而做出具有更好性能的产品。

另外，从工程化落地的技术角度来看，AI 的发展除了上述说到的硬件设计之外，还需要 AI 软件栈的不断完善。

其实 AI 软件栈经过开源社区的不断发展已经变得相当庞大了。这里说的 AI 软件栈主要是 AI 框架或 AI 编译器。这里包括各种推理或训练框架、深度学习编译器等，比如常见的 pytorch、TVM 或者 MLIR。目前 AI 行业大抵有一个共识，那就是 AI 编译器做得好，AI 模型便会有更好的性能和扩展性，也就可以在硬件上发挥出更好的推理性能。

当然除了 AI 编译器之外，AI 软件栈还包括系统软件等内容，比如进行异构加速器上的内存分配和复制、将编写的异构代码加载到 AI 加速器上等，这部分逻辑便是系统软件涵盖的，可类比到本书中权值加载和内存优化部分。

所以，AI 模型的调优，不单单是某一软件的事情，而是整个 AI 系统的事情。在本书中基于 C++ 实现的 ResNet50 模型优化中，也仅仅用到了几个常见的优化方法。由于使用的 CPU 芯片限制和手写代码的限制，很多优化手段无法实施。

如果你对 AI 模型的性能调优感兴趣，或者想从事 AI 模型调优、高性能计算相关的研究，建议找一些开源推理框架，在多种硬件平台（如 GPU 或 CPU）上多进行优化尝试。

　　相信随着 AI 算法的不断创新和迭代、AI 开源社区的不断壮大以及 AI 加速硬件的不断升级，AI 模型的性能会有更大幅度的提升，AI 也会走入一个更加快速的发展车道。

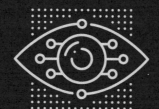

AI视觉算法
入门与调优

Appendix

附

录

1.1
One-hot 编码

本节以几个实例来说明什么是 One-hot 编码以及它的作用。

One-hot 编码，也称"独热编码"，用于将离散的分类标签转换为二进制向量。注意这里有两个关键词，第一个是离散的分类，第二个是二进制向量。

先看一下什么是离散的分类?

假设要做一个分类任务，总共有三个类别，分别是猫、狗和人。那这三个类别就是一种离散分类: 它们之间互相独立，不存在谁比谁大的关系。

例如，在本书的 3.3 节中手写数字识别任务中，分类是 0 到 9 这十个数字。虽然这十个数字彼此之间是有大小之分的，但对于分类任务来说，数字 0 和数字 1 并不存在大小关系，就好比字母 A 和字母 B 不存在大小关系、苹果和橘子不存在大小关系一样，它们仅仅代表一种类别，只不过手写数字识别任务中，类别刚好是数字而已。

这就是离散分类。再说二进制向量。

可以认为，[1,2,3,4] 是一个一维数组，也称为一维向量。那么二进制向量，就是数组中的数字是二进制，比如 [0,1,0,0]。

在搞清楚这两个概念后，现在回到对猫、狗和人这三个类别进行分类的任务中。在神经网络模型推理时，需要一种数学表示方法，来代表猫、狗和人的分类标签。

最容易想到的，便是以数字 0 代表猫，数字 1 代表狗，数字 2 代表人这种方式。但这种方式是否可行呢? 那肯定是不行的。

分类标签一个重要的作用，就是要计算预测值与真实标签之间的相似性，从而计算损失值。损失值越小，说明预测值与真实标签之间越接近。

而相似性其实计算的就是两个标签之间的距离。如果按照数字 0 代表猫，数字 1 代表狗，数字 2 代表人这种表示方法，那么猫和狗之间距离为 1，狗和人之间距离为 1，而猫和人之间距离为 2。

这在模型推理时是完全不能接受的: 互相独立的标签之间，竟然出现了不对等的情况。因此，需要有一种表示方法，将互相独立的标签进行互相独立的数学表示，并且数学表示之间的距离也相等。

这就是 One-hot，它用二进制向量来表征这种离散的分类标签。

那么独热编码是如何做到的呢？对于猫、狗和人的三分类问题，可以很简单地将其进行如附表 1-1 所示的编码。

附表 1-1 One-hot 编码

分类	One-hot 编码		
猫	1	0	0
狗	0	1	0
人	0	0	1

附表 1-1 中，猫的 One-hot 编码 [1,0,0]，狗的 One-hot 编码 [0,1,0]，人的 One-hot 编码是 [0,0,1]。解释如下：如果一个分类标签是猫，那么猫对应的位置就是 1，狗和人对应的位置就是 0，得到一个编码 [1,0,0]。

这样得到的编码都是互相正交独立的。因为在三维坐标系下，[1,0,0][0,1,0] 和 [0,0,1] 这三个向量是互相垂直的。因此，这三个向量之间的距离相等，这就解决了上面说的独立标签之间，表示方法不对等的情况。

在了解了独热编码是什么了之后，那么在神经网络中，独热编码可以起到什么作用的呢？

在 4.7 节中介绍 SoftMax 的原理时提到，SoftMax 函数会将模型输出的原始 logits 转换为一系列的概率值，来说明本轮推理的结果属于某一分类的概率是多少。

假设某一轮推理得到的 SoftMax 得分如附表 1-2 所示：有 70% 的概率是猫，20% 的概率是狗，10% 的概率是人。

附表 1-2 分类的 SoftMax 输出得分

分类	SoftMax 得分
猫	0.7
狗	0.2
人	0.1

对于这一轮的预测结果，需要和真实标签进行对比以获取损失值，假设真实标签就是猫，而猫的独热编码是 [1,0,0]。

如附图 1-1 所示，为了让最终损失值最小，会根据真实标签和预测得分值来调整模型权重，使得预测得分朝着理想的真实标签靠近。

这个例子中，猫的得分是 0.7，而真实标签是 1。因此这一类的得分还需要继续增大，计算完损失值后，反向传播进一步更新模型的权值，使这一类的得分继续增大。

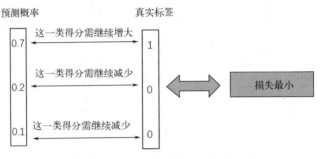

附图 1-1 损失值计算示意图

而狗和人的得分则相反，这两类的得分需要继续减小，反向传播更新模型权值，需要使这两类的得分继续减小。

如果某一轮的预测得分为 [1,0,0]，那么就和真实标签完全相同，此时的损失值就为 0，说明本轮拟合得很好。

关于损失值的计算参考 4.7.2 小节交叉熵损失。

当然 One-hot 编码也有它的局限性，上面的例子是一个 3 分类的例子。如果分类数量非常多，比如存在 5000 种分类，如果对这 5000 个离散的分类进行独热编码，就会出现维度灾难了。并且此时编码中会出现大量为 0，使得数据非常稀疏，因此此时可能就需要使用其他的手段来进行编码处理了。

1.2
快速搭建 Ubuntu 环境

本节介绍如何快速地在 Windows 系统上配置一个可用的 Linux Ubuntu 环境，方便读者快速地将开发环境切换至 Linux 下进行开发调试。

Ubuntu 是一个流行的 Linux 发行版，具备完整的操作系统功能，包括软件管理、系统安全、多媒体支持和网络功能等。在 Ubuntu 环境中，用户可以体验到 Linux 系统的多种优势，包括开源性、定制性以及对开发者友好的特性。Ubuntu 拥有一个非常活跃的社区，用户可以从社区论坛、问答网站和详细的在线文档中获得帮助和学习资源。正因为如此，Ubuntu 环境非常适合开发者、学生、科研人员以及希望体验 Linux 系统的用户。

在 Windows 下安装 Linux Ubuntu 大概有几种方法。

第一是直接给电脑装"双系统"，这样在电脑的开机界面，就可以选择使用 Windows 系统还是使用 Linux 系统。

第二是在电脑中安装虚拟机，然后在虚拟机中安装 Linux 系统。

这两种方法的安装过程类似，首先需要下载 Linux 镜像，而且安装过程中，需要配置磁盘分区和内存分配等，对新手不太友好。在本节中不使用以上方法，而是使用一种更方便的安装方式。

这种方法利用 Windows 自带的子系统来安装 Linux Ubuntu，比较适合新手，或者电脑本身配置不高的情况下使用。

1.2.1 安装步骤

第一步：打开 Windows 的子系统功能。

在 Windows 环境的左下角搜索"windows 功能"，点击"启用或关闭 Windows 功能"，如附图 1-2 所示，找到"适用于 Linux 的 Windows 子系统"，勾选后点击"确定"，如附图 1-3 所示。

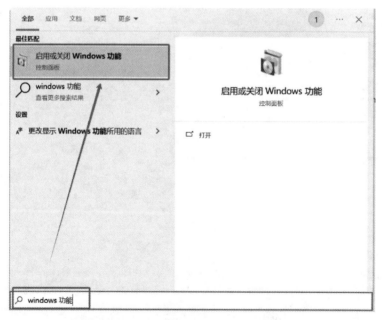

附图 1-2 "启用或关闭 Windows 功能"

附图 1-3 "适用于 Linux 的 Windows 子系统"

确定后，如附图 1-4 所示，系统会跳出"正在应用所做的更改"，等到更改完成后，需要重启电脑生效。此时，建议将电脑的资料保存一下，重启电脑，如附图 1-5 所示。

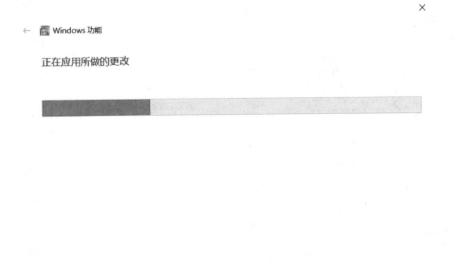

附图 1-4 "正在应用所做的更改"

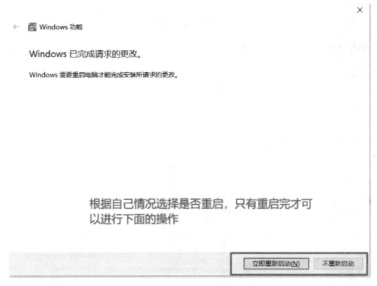

附图 1-5 重启电脑

待电脑重启完成后，Windows 就支持了子系统功能。接下来就可以在子系统中创建一个 Linux Ubuntu 系统了。

第二步：安装 Ubuntu。

如附图 1-6 所示，在电脑左下角搜索"store"，打开微软商店。在商店搜索框中，搜索"linux"，如附图 1-7 所示，会显示出许多 Ubuntu 软件，有很多版本，可以选择其中一个版本（建议选择 20.0 以上版本）。

选择完版本之后，直接点击"下载"，软件会自动下载并且安装，如附图 1-8 所示。

如附图 1-9 所示，下载安装完成后，可以选择直接打开，也可以选择在电脑的"开始列表"中打开。第一次打开时，会显示正在安装一些软件，此时等待即可，如附图 1-10 所示。

大概等待一小会儿，会提示让你创建一个用户名和密码，如附图 1-11 所示，这里的用户名和密码便是你的 linux 系统的用户名和密码，密码输两遍一样的密码即可。

输入完用户名和密码之后，系统会进行配置环境，此时同样等待即可。直到界面下方显示出用户名和主机名（一般为绿色字体）。此时，便已经在 Windows 上拥有了一个 Linux Ubuntu 系统。

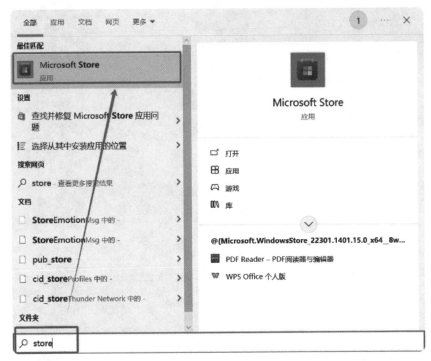

附图 1-6 搜索"store"

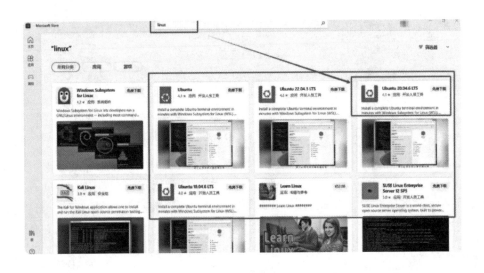

附图 1-7 搜索"linux"

Ubuntu 20.04.6 LTS

Canonical Group Limited

已下载 75.96 MB, 共 543.0 MB .

附图 1-8 软件下载

Ubuntu 20.04.6 LTS

Canonical Group Limited

打开

附图 1-9 下载安装完成

附图 1-10 等待安装

附图 1-11 创建一个用户名和密码

安装完成后,就像对待普通的 Windows 软件一样打开使用即可。

刚安装完成系统后,需要在系统上安装一些常见的软件,在 Linux Ubuntu 上安装软件的方法见下一小节。

1.2.2 软件管理

在 Ubuntu 环境下进行软件管理,主要通过 APT(advanced package tool)工具进行。APT 是一种强大的命令行工具,用于处理软件包的安装、升级、配置和移除。此外,Ubuntu 还提供了一个图形用户界面工具,称为"Ubuntu Software Center",可以简化软件管理过程。下面将分别介绍如何使用这两种方法来管理软件。

① 使用 APT 命令行工具 APT 允许用户通过终端来执行各种软件包管理任务。这里是一些基本的 APT 命令和示例:

a. 更新软件包列表 sudo apt update。

此命令用于更新本地软件包索引列表,从设定的源(repositories)中获取最新的软件包信息。

b. 安装软件包 sudo apt install [package-name]。

例如,要安装 Firefox 浏览器,可以使用 sudo apt install firefox。

c. 卸载软件包 sudo apt remove [package-name]。

如果要删除软件但保留配置文件,可以使用此命令。例如,删除 Firefox 浏览器 sudo apt remove firefox。

d. 彻底删除软件包及其配置文件 sudo apt purge [package-name]。

例如,彻底删除 Firefox 及其所有配置 sudo apt purge firefox。

e. 升级所有已安装的软件包 sudo apt upgrade。

这个命令将升级所有已安装的包到最新版本。

② 使用 Ubuntu Software Center 对于喜欢图形界面的用户,Ubuntu Software Center 提供了一个直观的方式来搜索、安装、更新和卸载软件。使用步骤如下:

a. 打开 Ubuntu Software Center:点击 Ubuntu 的启动器或搜索"Software"来打开。

b. 搜索软件:在搜索框中输入你想要的软件名称,比如"VLC"。

c. 安装软件:在搜索结果中找到软件后,点击"Install"按钮进行安装。

d. 管理已安装的软件:在"Installed"标签中,可以查看所有已安装的软件,并有选项卸载或更新它们。

通过这两种方法，用户便可以灵活地在 Ubuntu 环境下管理软件，无论是通过终端操作，还是通过图形界面进行操作都可以。

1.3
OpenCV 介绍

本书在介绍传统计算机视觉以及使用 C++ 对图像进行预处理时，用到了 OpenCV 库，本节将对该库进行介绍。

1.3.1　什么是 OpenCV

OpenCV 是一个被广泛使用的开源计算机视觉库，它提供了大量的传统图像处理算法和基于深度学习的计算机视觉算法，以及用于图像和视频处理的方法。

OpenCV 的主要核心算法使用 C++ 编写，并且对外封装了 C++ 和 Python 语言的 API，方便调用。OpenCV 具有以下几个特点：

① 代码开源　OpenCV 的代码是开源的，在遵守开源协议的条件下，我们可以在官方网址免费下载源代码学习并使用。

② 平台无关　OpenCV 的库可以在多种系统平台上运行，包括 Windows、Linux、MacOS、Android 和 iOS 等，这样可以确保用户在不同平台上使用和部署，迁移成本非常低。

③ 库很小　OpenCV 的库非常小，编译完成后总共不到 100MB，非常适合在一些小内存的场景下进行部署，比如一些图像检测终端。

④ 性能好　由于 OpenCV 的核心算法是使用 C++ 编写的，并且可以很好地支持多线程和 SIMD 的运行模式，因此，其中涉及的算法运行效率很高，性能很好。

上述几点便是 OpenCV 库的几个重要特点，也正因为这几个特点，使得 OpenCV 无论在学术界还是工业界都得到了广泛的应用。

OpenCV 可以用来做什么？ OpenCV 提供了大量的接口，用于图像和视频的读取、写入、显示和处理，下面再简单介绍 OpenCV 的主要应用场景：

① 图像、视频处理　OpenCV 可以很方便地读取、写入和处理图像以及

视频，它提供了一些图像处理函数，如滤波、阈值处理、形态学处理和边缘检测等。

本书在传统计算机视觉的算法描述中，便使用了 OpenCV 库进行图像的读写以及滤波和边缘检测。

② 目标检测和跟踪　OpenCV 包含了一些目标检测和目标跟踪的成套函数，这些函数可以用于检测和跟踪图像中的目标，例如图像中的人脸、视频中的行人和运动的汽车等。

③ 机器学习　OpenCV 还可以进行一些机器学习的任务，它可以构建支持向量机（SVM）、随机森林（RandomForest）等算法，从而完成一些分类、回归任务。

1.3.2　OpenCV 环境搭建

在 C++ 开发环境和 Python 开发环境下安装 OpenCV 库的方法有所不同，以下是两种开发环境中安装 OpenCV 的详细步骤。

（1）安装 Python 版本的 OpenCV

① 安装 Python　如果环境中还没有安装 Python，可以从 Python 官网下载并安装，建议安装 Python 3.0 以上版本。如果你是 Linux 用户，一般系统默认安装了 Python。

安装完 Python 后，系统会默认安装 pip 工具，Python 开发环境下需要使用 pip 命令安装 OpenCV。

② 安装 OpenCV　Windows 系统的用户，按"Win+R"组合键打开命令提示符（cmd）或 PowerShell；Linux 系统的用户，直接在终端的命令行界面进行操作即可。

在命令行界面输入以下命令即可完成安装：

```
pip3 install opencv-Python
```

③ 验证安装　在命令行中输入"Python"启动 Python 解释器，尝试导入 cv2 库并打印其版本来确认安装是否成功：

```
import cv2
print(cv2.__version__)
```

执行上述代码，如果没有错误消息，并且能正确显示版本号，说明 OpenCV

已经成功安装。

上述步骤中，使用了 OpenCV 的预编译包 opencv-Python 进行了 Python 安装，这是最简单且最快速的安装方法。

对于更高级的用户或需要 OpenCV 完整功能（包括视频处理和 GPU 加速等）的用户，可能需要从源代码编译 OpenCV，这需要下载 OpenCV 的源代码、配置编译选项以及编译和安装，过程更为复杂且需要考虑硬件兼容性。

（2）安装 C++ 版本的 OpenCV

C++ 版本的 OpenCV 依赖一些开发库和工具，在 Linux 系统下，通过以下命令安装这些开发库和工具：

```
sudo apt update
sudo apt-get install libopencv-dev Python3-opencv libopencv-contribdev
```

执行上述命令后，即可完成 C++ 版本的 OpenCV 安装，安装完成后，就可以在 C++ 代码中以导入头文件的方式来使用，如下所示：

```
#include <opencv2/opencv.hpp>
cv::Mat source;
source = cv::imread(file_name);
```

参考文献

[1] Zeiler M D, Fergus R. Visualizing and Understanding Convolutional Networks [J]. Lecture Notes in Computer Science, vol 8689. Springer, Cham. https://doi.org/10.1007/978-3-319-10590-1_53

[2] Ioffe S, Szegedy C. Batch normalization: Accelerating deep network training by reducing internal covariate shift[C]. International conference on machine learning. pmlr, 2015: 448-456.

[3] He K, Zhang X, Ren S, et al. Identity Mappings in Deep Residual Networks [J]. Lecture Notes in Computer Science(), vol 9908. Springer, Cham. https://doi.org/10.1007/978-3-319-46493-0_38

[4] He K, Zhang X, Ren S, et al. Spatial Pyramid Pooling in Deep Convolutional Networks for Visual Recognition [J]. IEEE Transactions on Pattern Analysis & Machine Intelligence, 2015, 37(9):1904-1916.